インプレスR&D［NextPublishing］

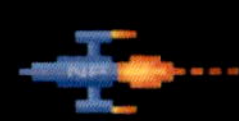

New Thinking and New Ways
E-Book / Print Book

エンタープライズアジャイルの可能性と実現への提言

［アンチパターンとその克服事例］

改訂新版

藤井 拓 監修
エンタープライズアジャイル勉強会 編

アジャイル開発活用の推進役が備えるべき基礎知識を概説

目次

改訂新版の刊行について

2014年10月から準備委員会という形で活動を始めたエンタープライズアジャイル勉強会は、本書の「はじめに」に記されているように「エンタープライズアジャイルの3つの可能性とそれらの可能性の実現を阻む障害と解決策を共有する」ことを目指して活動を始めた。本書初版では、2014年10月から2016年6月の2年間の活動をまとめたが、改訂新版では、2016年7月以降2018年12月までの勉強会の活動内容を追加し、反映したものとなっている。

2016年7月以降の勉強会の活動を通じて、それ以前と比べて以下のような変化を感じ、これについての認識を深めることができた。

1. 新たな価値やビジネスを創出する上で、不確定な要求に対応（仮説検証）する必要性が増すとともに、アジャイル開発の適用が顕著になってきた
2. アジャイル開発の活用を成功させるためには、活用を支援するマネジメントと活用の推進役のペアの重要性が明らかになっている
3. アジャイル開発活用の推進役が、ビジネスと開発の両面においてアジャイル開発の難しさ（落とし穴）と活用方法を正しく理解する必要がある

本改訂版では、これらの変化や得られた認識を記すために第1章「アジャイル開発の狙いと普及状況、勉強会の目指すもの」を新たに追加するとともに、第2章に「アジャイル要求」の内容を追加した。

さらに、初版に収録されていた10件の事例についても、2016年7月から2018年12月までに紹介した事例とともに見直し、前述の変化や認識を裏付ける11件の事例を選び、第4章「エンタープライズアジャイルの実例」に収録した。

最後に、勉強会での活動においてアジャイル開発活用の推進役の育成や交流のために取り組んだチュートリアルやオープン・スペース・テクノロジー、情報サービス産業協会と共同で開発したオンライン講座などを第5章「アジャイル開発活用の推進役に役立つプログラム」において簡単に紹介しているので、こちらもご覧いただきたい。

2019年4月

監修者　藤井拓

はじめに

日本におけるアジャイルによるシステム開発は、小さなチーム単位では徐々に浸透している。しかし、より大きな組織やシステム向けにスケールアップされた「エンタープライズアジャイル」は、まだ一般的になってはいない。わたしたちエンタープライズアジャイル勉強会は、エンタープライズアジャイルの普及に向け、事例研究やノウハウの共有を行っている。本書はエンタープライズアジャイル勉強会での講演や研究から派生し、直面する様々な課題とその解決策を共有することを目指すものである。

私たちは、エンタープライズアジャイルに以下の3つの可能性があると考えている。

第1の可能性

業務の変化に対応し、基幹系やバックオフィス系のシステム（「エンタープライズシステム」）を効果的に開発するためにアジャイル開発を適用する

第2の可能性

競争力に資する製品やサービス、戦略的システムを開発するためにアジャイル開発や反復開発を大規模に適用する

第3の可能性

変化により良く対応できる、活力のある組織を実現するために、企業や事業部をアジャイル化する

エンタープライズアジャイル勉強会の主対象は、アジャイル開発や反復開発の発注者となるユーザー企業、製造メーカー、Webサービサーとそれらの情報系子会社の方々、特にアジャイル開発の活用についての推進役を担う、またはそのような推進役の活動を支援する方々である。本書の読者層にもそれらの方々を想定している。

本書は、以下の5章で構成される。

第1章：アジャイル開発の狙いと普及状況、勉強会の目指すもの
第2章：アジャイル開発、スクラムとアジャイル要求
第3章：アジャイル開発導入のアンチパターンとそれを克服するための提言
第4章：エンタープライズアジャイルの実例
第5章：アジャイル開発活用の推進役に役立つプログラム

第1章では、アジャイル開発と従来の開発の狙いについて、その違いを説明し、さらにアジャイル開発の欧米と日本での普及状況を説明する。また、エンタープライズアジャイル勉強会の目指すものを説明する。

第2章では、チーム単位のアジャイル開発を理解するために、アジャイル開発の特徴、スクラムでの開発の流れ、アジャイル開発における要求の取り扱い方を概説する。

第3章では、アジャイル開発に取り組む際の典型的なアンチパターンをまず説明し、さらにそのようなアンチパターンを克服するための提言を、当勉強会の実行委員の講演に基づいて提供する。

第4章では、エンタープライズアジャイルの実践事例の概要について、講演資料を基に紹介する。

第5章では、アジャイル開発活用の推進役を支援するために、エンタープライズアジャイル勉強会が開催しているイベントや、情報サービス産業協会と共同で開発したオンライン講座を紹介する。

本書の内容より少し古いが、第3章のスライド部分のPDF版はエンタープライズアジャイル勉強会のwebサイト[1]で入手できる。また、第5章で紹介している情報サービス産業協会と共同で開発したオンライン講座「アジャイル開発の基本[2]」(受講料無料)も第1〜3章の内容に対応する。これらのリソースも併せてご活用いただければ幸いである。

最後に、エンタープライズアジャイル勉強会発足のきっかけを作り、現在もスポンサー会員として勉強会を支援して下さっているアドソル日進、コベルコシステム、オージス総研の各社にこの場を借りて御礼を申し上げる。特に事務局の運営において、アドソル日進の堀昭浩さん、コベルコシステムの趙永健さん、加藤耕太さん、オージス総研の張嵐さん、木村めぐみさんには多くの支援をいただいた。本勉強会のセミナーや様々なイベントでご講演やワークショップを実施して下さったご講演者の皆様にも御礼を申し上げる。これらのご講演などを参考にして本書が誕生したが、監修者の力不足ですべてのご講演を取り上げきれなかったことが残念である。最後に、準備委員会の時代から今に至るまで勉強会のセミナーに参加して下さった会員と一般の参加者の方々にもこの場を借りて感謝の意を表したい。

1.https://easg.smartcore.jp/C23/file_details/VkRNRk93PT0=

2.オンライン講座プラットホームUdemyのhttps://www.udemy.com/jisaag-kpjleufc/で提供している

執筆者一覧

エンタープライズアジャイル勉強会実行委員会

役名	氏名	所属会社と役職名
実行委員長	藤井　拓	（株）オージス総研 技術部ビジネスイノベーションセンター
副実行委員長	山岸 耕二	(株) メソドロジック　代表取締役社長
実行委員	平鍋 健児	(株) 永和システムマネジメント　代表取締役社長 (株) チェンジビジョン　代表取締役CTO
実行委員	中山 嘉之	(株) アイ・ティ・イノベーション ビジネステクノロジー戦略部　部長
実行委員	依田 智夫	(株) シナジー研究所　代表取締役社長
実行委員	川口 恭伸	アギレルゴコンサルティング(株)　アジャイルコーチ
実行委員	竹政 昭利	(株) オージス総研 技術部ビジネスイノベーションセンター　センター長
実行委員	細川　努	(株) アーキテクタス　社長 総務省CIO補佐官
実行委員	鈴木 雄介	グロース・アーキテクチャ&チームス株式会社 代表取締役社長
実行委員	中原 慶	コニカミノルタ（株）IoTサービスPF開発統括部
実行委員	中野 安美	（株） FIXER シニアプロジェクトマネージャー

エンタープライズアジャイル勉強会の理事、監事、事務局長

役名	氏名	所属会社と役職名
代表理事	西岡　信也	（株）オージス総研　代表取締役社長
理事	上田　富三	アドソル日進（株）　代表取締役社長
理事	田野　美雄	コベルコシステム（株）　代表取締役社長
監事	延岡　敏也	コベルコシステム（株） システム事業部　SO本部　サービス品質部　部長
会計事務局長	佐藤　一裕	アドソル日進（株）　経営企画室

1.アジャイル開発の狙いと普及状況、勉強会の目指すもの

1.1 アジャイル開発の狙い

アジャイル開発の狙いは、「市場やニーズの不確定性に向き合い、価値あるものを早く提供する」ということである。これを「狙いA」と呼ぶ。これに対して、日本でまだ大勢を占めている従来開発の狙いは「仕様通りに安くて品質が良いものを作る」ということである。これを「狙いB」と呼ぶ。「狙いB」を目指してアジャイル開発を適用すると、アジャイル開発の良さを享受することが難しくなる。そのため、アジャイル開発の活用を考える際には、まずこの狙いの違いを理解する必要がある。

アジャイル開発という言葉が大きな注目を集めたきっかけとなったのは、“アジャイル開発宣言”である。これは、2001年に様々なアジャイル開発の方法論者が集まって、アジャイル開発に共通の価値と原則を文書化したものである。このアジャイル開発宣言の4つの価値において左記、右記と対比されている価値は、実は前記の「狙いB」と「狙いA」を実現するために重視するべきことが異なるというように理解することができる。

アジャイル宣言

私たちは、ソフトウェア開発の実践あるいは実践を手助けをする活動を通じて、よりよい開発方法を見つけだそうとしている。
この活動を通して、私たちは以下の価値に至った。

狙いB　狙いA

- プロセスやツールよりも個人と対話を、
- 包括的なドキュメントよりも動くソフトウェアを
- 契約交渉よりも顧客との協調を、
- 計画に従うことよりも変化への対応を

価値とする。
すなわち、左記のことがらに価値があることを認めながらも、私たちは右記のことがらにより価値をおく。

出典: http://agilemanifesto.org/iso/ja/manifesto.html

(株) オージス総研　5

日本ではこれまで、アジャイル開発宣言が起草された時点を含めてアジャイル開発への関心が高まったことが数回あった。しかし、そこでアジャイル開発が定着しなかった理由のひとつは、「狙いA」に対するニーズが十分になかったことに起因すると考えられる。この状況は、ここ数年変化しつつあり、「狙いA」を目指したアジャイル開発の適用が増えつつある。

1.2 欧米でのアジャイル開発の普及状況

監修者が、欧米でのアジャイル開発の普及状況を理解するための参考材料になると考えるのは、年1回米国で開催されるAgile Conferenceという世界最大のアジャイル開発系のカンファレンスである。

少し古い情報だが、2016年に開催されたAgile 2016のプログラムを見ると“Enterprise Agile”や“Government”というトラックがある。“Enterprise Agile”トラックでは事業部や会社のような組織全体のアジャイル開発への移行に関する講演が行われ、“Government”トラックでは連邦政府や地方自治体におけるシステム開発へのアジャイル開発の適用に関する事例が発表されている。これらのトラックが設けられている理由は、すでに民間企業でアジャイル開発を活用すること自体の目新しさは無くなっており、そこからより難しい領域へと、アジャイルの適用が進んでいるからだと考えられる。

出典：Agile 2016の講演プログラム（https://agile2016.sched.com/）

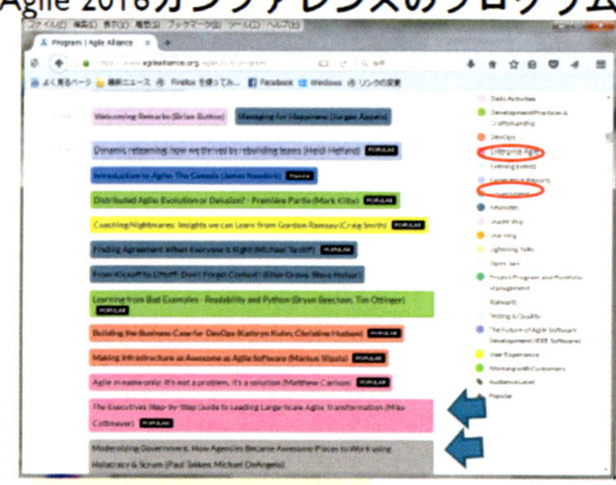

“Enterprise Agile”トラックの話題と近いものとしては、企画、開発などの部門の壁を越えて組織が一丸となり、戦略的なプロダクトを開発するためのSAFe（Scaled Agile Framework）などが提案されており、欧米のプロダクト開発現場に適用されつつある。

出典：http://www.scaledagileframework.com/jp

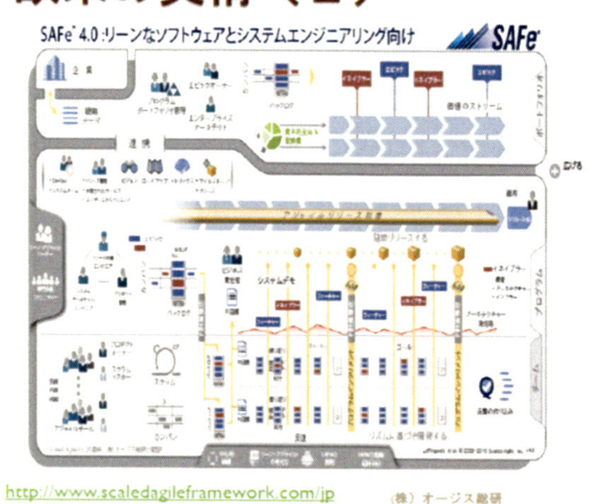

もうひとつは、デジタル変革の波である。当勉強会の実行委員の川口さんを通じてリーン開発の提唱者のPoppendieck夫妻に、当勉強会の2016年10月のセミナーで「保守的な企業でのアジャイル開発の事例」の講演をお願いした。「保守的な企業のデジタル化に関する事例」[1]というタイトルでご講演いただいた中で紹介されたのが、IBM、GEの大手企業やエストニア、イギリス、米国などの政府の事例だった。

その後デジタル化についての書籍を読んでみたところ、デジタル変革とは既存の大手の企業がUX（サービスデザイン思考）、データサイエンス、IoT、AI、クラウド、モバイルを使った新たな価値や顧客体験を提供することと及び、その実現のためにビジネスとITの密な連携で成果を生み出すアジャイル開発の必要性について記されていた。このようなデジタル化の流れも、アジャイル開発が欧米で活用されるための大きな推進力になっているのではないかと考えられる。

最後は、製造業への適用である。当勉強会では日本の製造業におけるアジャイル開発への関心の高まりを受けて、2017年5月に「製造業アジャイルの集い」というイベントを企画した。その際には、こちらも実行委員の川口さんを通じてScrum Inc.のJoe Justiceさんに基調講演[2]をお願いした。基調講演以外にも日本の製造業の方々に事例紹介をいただいたが、Justiceさんは欧米において戦闘機、自動車、列車など様々なプロダクトの開発においてアジャイル開発（スクラム）が適用されているという事例を紹介くださった。

1.3 日本でのアジャイル開発の普及状況とアジャイル開発活用の鍵

当勉強会では、2016年3月に「エンタープライズアジャイルの集い」というイベントを開催し、100名程度の参加者の方々にご参加いただいた。このイベントへの参加者に対するアンケートの集

1.https://easg.smartcore.jp/C23/file_details/V3owQU53PT0=

2.https://easg.smartcore.jp/C23/file_details/V2p4VGJBPT0=

計結果を以下の図に示す。

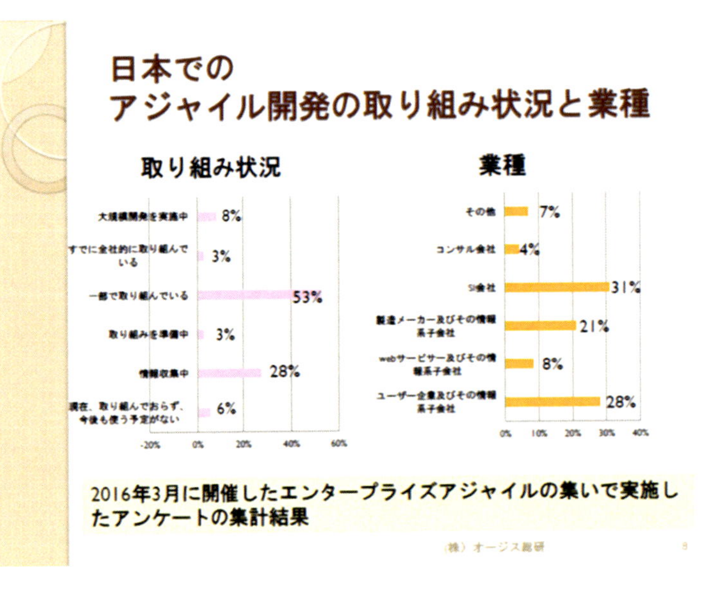

この集計結果から、この時点で参加者の7割以上が属する企業が「一部取り組んでいる」と答え、具体的な実践を開始していることがわかる。また、参加者の業種という点ではSI会社が多いものの、ユーザー企業や製造メーカーもそれについで多いことがわかる。

このイベントにwebサービサーからの参加者が少なかったのは少し意外に思えるが、それはセミナーの内容がwebサービサーの興味にあまりマッチしていなかったためだと考えられる。

このイベントのアンケート及び監修者がアジャイル開発に関する問い合わせに対応した結果を総合し、監修者は2016年時点での日本におけるアジャイル開発の普及状況を以下のように分析した。

A）ネット企業やゲーム会社：アジャイル開発の導入が進んでおり、アーリーアダプターとして位置付けられる

B）通信会社、製造業、金融業：アジャイル開発の導入が一部始まっており、これらがアーリーマジョリティーとなる可能性がある

つまりB）が、今後の日本でアジャイル開発の活用の広がりを暗示している可能性があると分析した。B）は前節で述べたデジタル変革の流れを受けたものだと捉えることもできる。B）の具体的な事例のいくつかは、本書の第4章に掲載されているのでそちらをご参照いただきたい。

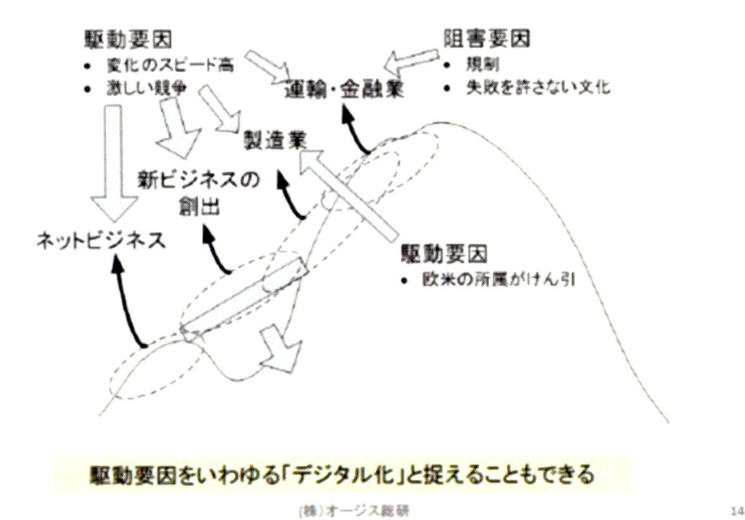

1.4 エンタープライズアジャイル勉強会が目指すもの

エンタープライズアジャイル勉強会は、2014年10月に準備委員会として活動を開始した。しかし、その活動の初期である2015年初頭の実行委員会で、「エンタープライズアジャイル」という言葉の意味が実行委員の間で以下のように異なることがわかった。

- 業務の変化に対応し、基幹系やバックオフィス系のシステム（「エンタープライズシステム」）を効果的に開発するためにアジャイル開発を適用する
- 競争力に資する製品やサービス、戦略的システムを開発するためにアジャイル開発や反復開発を大規模に適用する
- 変化により良く対応できる、活力のある組織を実現するために企業や事業部をアジャイル化する

そこで、これらを「エンタープライズアジャイル」の3つの可能性と捉えて、勉強会としてはこれら3つの可能性の実現を阻む障害と、その解決策を共有することを目指すことに合意した。

その後、2015年7月にエンタープライズアジャイル勉強会が正式に発足。その活動を進める中で、「エンタープライズアジャイル」の3つの可能性を組織的に実現することを目指すKDDI、コニカミノルタ[3]などの事例が紹介された。これらの事例で共通しているのは、以下の2者が連携してアジャイル開発の活用を推進しているということである。

A）事業上アジャイル開発の必要性を感じている事業部長や役員

B）障害の解決能力があるアジャイル開発の推進役（あるいはチーム）

3.https://easg.smartcore.jp/C23/file_details/QUdjSE1BPT0=

A）は事業の観点でアジャイル開発の必要性を感じており、アジャイル開発を活用するうえでの障害を克服するための役割をもつ、アジャイル開発の推進役（B）を任命する。また十分なバックアップを提供することにより、その人の障害の克服を助けるというものである。一方、アジャイル開発の推進役（あるいはチーム）は、以下の知識やスキルを持つことが望ましい。

・知識
　―アジャイル開発に対する理解
　　・ビジネス成果を上げるためのアジャイル開発の活用方法の理解
・能力
　―説明能力
　　・アジャイル開発の利点を説明する能力
　―問題解決能力
　　・スクラムマスターとともにアジャイル開発の適用や実践に対する制約や障害を解決する能力
　―コンサルティング能力
　　・アジャイル開発に関する相談に対応できる能力
　　・スクラムマスターとともにアジャイル開発のプラクティスで足りない点をどう補えばよいかを考える能力
　―現状評価能力
　　・アジャイル開発プロジェクトの現状を評価できる能力
　―支援能力
　　・アジャイル開発プロジェクトの状況を改善するためにスクラムマスターの支援ができる能力

ここでいうスクラムマスターは、スクラムというアジャイル開発フレームワークにおいて定義されている役割であり、スクラムの実践方法を開発メンバーに教えたり、障害を解決する等の任務を担う。

エンタープライズアジャイル勉強会としては、「アジャイル開発の推進役」がエンタープライズアジャイルの可能性を実現するのに中心的な役割を果たすのではないかと考え、2018年の初頭に「アジャイル開発の推進役（あるいはチーム）」をこの勉強会の主対象として明確にした。

本書は、「アジャイル開発の推進役（あるいはチーム）」に対して以下のことを学ぶ手がかりを提供することを目指す。

・アジャイル開発に対する理解
・ビジネス成果を上げるためのアジャイル開発の活用方法の理解
・アジャイル開発の適用や実践に対する制約や障害及び、それらの解決方法
・アジャイル開発のプラクティスで足りない点の補い方

2.アジャイル開発、スクラムとアジャイル要求

本章では、エンタープライズアジャイルを実現するための前提となるチーム単位のアジャイル開発を理解するために、アジャイル開発の特徴及び、世界的に最も普及しているアジャイル開発のフレームワークであるスクラム、さらにアジャイル開発における要求の取り扱い方を概説する。

2.1 アジャイル開発とは

本章では、エンタープライズアジャイルを実現するための前提となるチーム単位のアジャイル開発を理解するために、アジャイル開発の特徴及び、世界的に最も普及しているアジャイル開発のフレームワークであるスクラムを概説する。

90年代の後半に、顧客と開発者との密な協力に基づいて顧客に役立つソフトウェアを開発することを目指すXP (eXtreme Programming)[1]やスクラム[2]などの複数のアジャイル開発手法が登場した。これらのアジャイル開発手法の提案者は2001年に集まり、アジャイル宣言[3]を起草し、アジャイル開発の共通の価値と原則を定めた。このアジャイル宣言の原則[4]はアジャイル開発を進めるためのより具体的な心構えを述べており、技術者を含むプロジェクトの利害関係者がアジャイル開発を理解するための助けになる。この原則に述べられているアジャイル開発の特徴をまとめると、以下の4点になる。

A) 反復的な開発
B) 顧客との連携
C) チームワークの重視
D) 技術的な裏付け

A) は、1週間から1ヶ月程度の一定の周期で動くソフトウェアを作るという形で開発を進めるということである。この動くソフトウェアを作る1回の周期のことを「反復」と呼ぶ。A) については、反復の期間が固定であることを強調する「タイムボックス」という言葉で表現することもある。

B) は、顧客と連携して顧客のビジネスの成功につながるソフトウェアを作るということである。顧客がソフトウェアに求めることは、顧客を取り巻く状況の変化等により開発途上で変化しうる。このような変化を反復単位で顧客からのフィードバックを受け、計画に取り込むことで、顧客のビジネスの成功につながるソフトウェアの開発を行うことができる。

C) は、開発チームのメンバーの自律性や直接的なコミュニケーションを重視したチームの運営

1. ケント・ベック,XP エクストリーム・プログラミング入門―変化を受け入れる,ピアソンエデュケーション,2005
2. ケン・シュエイバー,マイク・ビードル,アジャイルソフトウェア開発スクラム,ピアソンエデュケーション,2003
3. アジャイル開発宣言,http://www.agilemanifesto.org/iso/ja/
4. アジャイル宣言の背後にある原則,http://www.agilemanifesto.org/iso/ja/principles.html

を行うことだ。開発チームのメンバーの自律性という点では、従来のような縦割りで計画や作業の割り当てを行い、メンバーが与えられた計画や割り当てを行うというのではなく、開発チームのメンバー間の話し合いで計画や作業の割り当てを決める必要がある。このように自律性を尊重することで、開発メンバーのモチベーションが高まり、より良い仕事のやり方を考える改善マインドが生まれる。

D）は、要求の変化の結果としてソースコードの変更が発生するが、そのソースコードの変更のコストをなるべく抑えるような技術的な工夫（プラクティス）を講ずるということである。アジャイル開発で広く使われている技術的なプラクティスとしては、以下のようなものがある。

- **テスト駆動開発（TDD: Test Driven Development）**
  プログラムコードを書くときに、そのコードを検証するための単体テストコードを先に書き、そのテストコードに合格するようにプログラムの本体コードを書く（テストファースト）。作成された単体テストコードにより回帰テストが自動化されるため、以降の開発でコードの変更や改良を安全かつ低コストで行うことが出来る。
- **リファクタリング**
  すでに書いたプログラムコードの機能を保ったまま、プログラムコードの品質を高めるための改良を行うこと。コードを改良することで、1カ所のコードの変更が多くの箇所に波及しないようにする。
- **継続的なインテグレーション（CI: Continuous Integration）**
  各開発者が開発した本体コードとテストコードが蓄積された構成管理ツール内のコードを自動的にビルドし、テストコードを自動実行し、それらの結果を開発メンバーに通知するというもの。このような環境を構築することで、コード状態を全員で共有し、不具合を起こすような変更を加えた場合に、それをすばやく検出し、低いコストでコードを修正することができるようになる。

これらのプラクティスにより、加えたプログラムコードの変更による不具合（デグレード）の発生をすぐに検知したり、プログラムコードの変更が広範に波及しないようにプログラムコードの品質を高めたりすることが可能になる。このような不具合の迅速な検出やプログラムコードの品質向上によりソースコードの変更コストを削減することができる。
最近普及しつつある技術プラクティスとしてモブプログラミングというものがある。これは、1つのスクリーンとキーボードを複数人のエンジニアで共有しながら開発を行うものである。複数のエンジニアでスクリーンやキーボードを共有することで、複数の観点や知識を用いてより効率的に開発ができたり、エンジニア間で相互学習や知識の伝達を行うことができる。本勉強会のセミナーでも、及部氏[5]や橋本氏[6]がモブプログラミングを実施した事例を紹介して下さった。

---

5. 及部 敬雄, 泥の中のアジャイル、もがき続けてたどりついたモブプログラミングという形,https://easg.smartcore.jp/C23/file_details/VVRZR05RPT0=
6. 橋本 憲洋, 岡島 幸男, 「ウォータフォールプロジェクトのアジャイル化」の実際,https://easg.smartcore.jp/C23/file_details/VWpvR01RPT0=

2.2 スクラム

スクラムは、Ken Schwaber とJeff Sutherland、Mike Beedle によって考案されたアジャイル開発手法である。スクラムという開発方法論の名称は、ラグビーのスクラムにちなんで名づけられた。スクラムは、野中郁次郎氏らが80年代に日本の製造メーカーの新製品開発において欧米のメーカーを凌駕した要因の研究をまとめた「知識創造企業」[7]などに触発され、Schwaber らがいくつかの失敗プロジェクトを立て直す経験を通じて生み出されたものである。

スクラムは、プロジェクト管理的な作業に特化しているため、XPや統一プロセス（UP）[8]など設計、実装、テストの実践形態を規定しているさまざまな反復的な開発手法と組み合わせやすい開発手法である。

2.2.1 スクラムにおける開発の進め方

スクラムでは、1週間から4週間のサイクルでソフトウェアを作りながら開発を進める。図1は、スクラムによる開発の流れを示したものである。図中の用語の意味は、以下の通りである。

図1 スクラムにおける開発の流れ

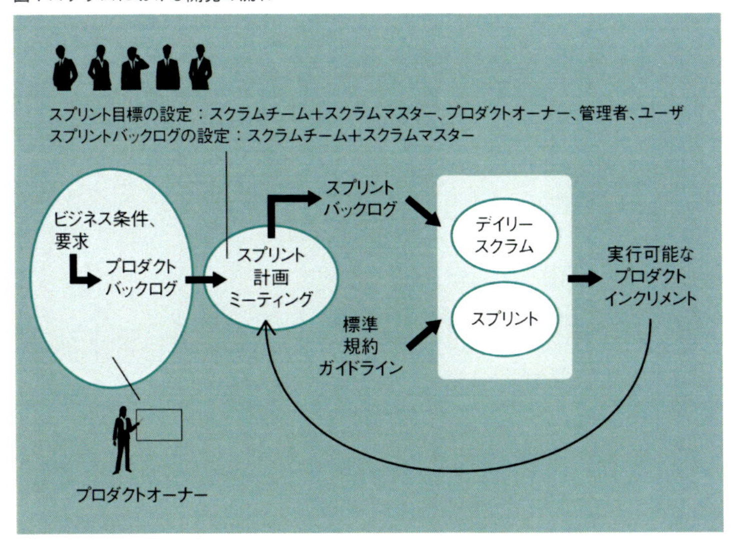

- **プロダクトバックログ**

  開発対象のソフトウェアに対する要求のバックログ

- **スプリント**

  1週間から4週間サイクルの反復

- **スプリント計画ミーティング**

  スプリントの開発目標（スプリント目標）とスプリントバックログを設定するミーティング

- **スプリントバックログ**

7. 野中郁次郎, 竹内広高, 知識創造企業, 東洋経済新報社,1996

8. フィリップ・クルーシュテン, ラショナル統一プロセス入門 第3版, アスキー,2004

スプリント目標の達成に必要なタスクのリスト

・**デイリースクラム**

日毎の進捗確認ミーティング

・**実行可能なプロダクトのインクリメント**

スプリントの結果として作成される実行可能なソフトウェア

図１に示されている標準、規約、ガイドラインは、開発組織において守ることが求められている標準、規約、ガイドラインを意味する。

スクラムでは、開発は以下のようなステップで進行する。

1．ソフトウェアに要求される機能とその優先度をプロダクトバックログとして定める
2．プロダクトバックログからスプリントで実装するべき目標（スプリント目標）を選択する
3．スプリント目標をより詳細なタスクに分解したスプリントバックログを作成し、タスクの割り当てを行う
4．スプリントの間、毎日決まった場所及び時間で開発メンバーが参加するミーティング（デイリースクラム）開催する
5．1回のスプリントが終了すると、スプリントレビューミーティングを開催し、作成されたソフトウェアを評価する
6．スプリントレビューミーティング後に、そのスプリントの振り返りを行い、次のスプリントでの改善策を考える
7．次回のスプリントに備えてプロダクトバックログの内容と優先度の見直しを行う

図１のスプリント計画ミーティングは、2、3の2ステップとして実行される。
スクラムでは、一般の開発メンバーに加えて以下の2つの管理的な役割が定義されている。

・**プロダクトオーナー**

プロダクトバックログを定義し、優先順位を決める人

・**スクラムマスター**

プロジェクトが円滑に進むように手助けする人

スクラムマスターの主たる任務は、通常のプロジェクト管理者のように開発者への作業の割り当て、計画策定、進捗管理等を行うことではなく、開発を阻害するさまざまな障害を解決することである。
スプリント計画ミーティングでは、スプリント目標とスプリントバックログが決められる。スプリント目標は、次のスプリントで達成されるプロダクトバックログの範囲であり、プロダクトオーナーと開発チームとの議論によって決める。
スプリント目標が設定された後、開発チームのメンバーが主体になって目標達成に必要なタスク

をリストアップしていく。各タスクは、4〜16時間で完了できる粒度で定義される。さらに、抽出されたタスクから開発チームのメンバーが話し合いによりスプリントで達成するタスクの割り当てを決める。開発チームのこのようなタスクの定義や割り当ては、顧客やプロダクトオーナーの介入なしに開発メンバーにより自律的に行われる。

開発チームのメンバー間の自発的な議論を通じて、メンバー間の連携が自然に形成される。このチーム内の連携が自律的に形成される過程をSchwaberらは「自己組織化による真のチーム形成」と呼んでいる。

最終的に割り当てされたタスクの集合が、スプリントの詳細目標であるスプリントバックログになる。スプリントの途上では、スプリントバックログの消化状況がグラフ化されてプロジェクトの全体の作業進捗状況として共有される。このグラフをバーンダウンチャートと呼ぶ。

デイリースクラムは、スプリントの期間中に毎日決まった場所及び時間に開催され、開発チームのメンバー全員が参加するミーティングである。デイリースクラムでは、スクラムマスターが開発チームの各メンバーに以下の3点を質問する。

- **前回のデイリースクラム以降の作業内容**
- **次回のデイリースクラムまでの作業予定**
- **作業を進める上での障害**

デイリースクラムは、チーム内のコミュニケーションを促進するとともに、チームメンバー全員がプロジェクトの現状についての認識を共有し、メンバーの連帯を深めるのに有効である。また、スクラムマスターはデイリースクラムで報告された障害を解決することをできるように支援する。

スクラムにおいて守るべき大事な点の1つは、スプリントの期間中は開発チームが開発に専念できるようにすることである。そのため、デイリースクラムには開発メンバー以外の人々も参加できるが、意見や要望を述べたりすることは許されていない。

このようにスクラムは、非常にシンプルなフレームワークである。このシンプルさがスクラムが世界的に最も普及した原動力の1つだと考えられる。スクラムを適用することで、先に述べたアジャイル開発の特徴のA)からC)が実現できる。アジャイル開発の特徴のD)を実現するためには、スクラムに加えて先に記したような技術的なプラクティスを適用する必要がある。

2.2.2スクラムの従来手法とのギャップ

スクラムはシンプルな手法であるものの、以下のように従来手法では存在しなかったような新たな役割、前提となる開発メンバーの意識やスキルの違いがある。また既存のガバナンスのあり方を変えることが必要である。

新たな役割

プロダクトオーナーやスクラムマスターという新たな役割が必要になり、プロジェクト管理の

やり方が変わる

開発メンバーの意識やスキルの違い

開発メンバーは、指示や割り当てを待つのではなく、自律的に開発に貢献することが求められる。また、なるべく開発に関わる作業を幅広くこなせるスキルを持つことが望ましい。

ガバナンスや品質管理のあり方の再考

精緻な長期計画を立案する、作業分解構造による進捗管理を行うなどの既存のガバナンスのあり方を、アジャイル開発に適合するように変更する必要がある。また、品質管理のあり方も再考する必要がある。

これらのギャップは、エンタープライズアジャイルの実現において解決すべき課題になる。

2.3アジャイル要求

アジャイル要求という言葉はあまり一般的ではないが、ここではアジャイル開発の良さを活かす要求テクニックを包括してアジャイル要求と呼ぶ。本節では、アジャイル開発で一般的に用いられる要求記述形式であるユーザーストーリーと、ユーザーストーリーを系統的に定義する方法であるユーザーストーリーマッピング、さらには開発当初にプロダクトのビジョン、リスクなどについて利害関係者との合意形成を行うために用いるインセプションデッキについて説明する。

2.3.1.ユーザーストーリー

ユーザーストーリー[9]とは、前述したXPというアジャイル手法でKent Beckにより提案された要求表現である。ユーザーストーリーは、XPでプロダクトオーナーに相当するオンサイトカスタマーによりプロダクトに関する要望を情報カードのようなカードに簡潔に記述されたものであった。提案された当初は、ユーザーストーリーの記述形式は定まっていなかったが、2001年頃にXPのコミュニティーで以下の3つの部分からなるユーザーの声形式のユーザーストーリーが提案された。

9.Mike Cohn, User Stories Applied: For Agile Software Development, Addison-Wesley, 2004

ユーザーストーリー

ユーザーストーリー(User Story)は、アジャイル開発で使われる、顧客の要求を自然言語で簡潔に表現したものです。

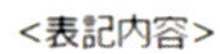

- **[役割] として**
  As a [type of user]
- **[機能/性能] ができる(したい)**
  I want [some functionality]
- **それにより [価値] がもたらされる**
  so that [some value].

（株）オージス総研

このユーザーストーリーは、多くの文言で記述する従来の要求文書あるいは要求仕様書よりも簡潔であり、ユーザーや開発依頼者が自らの要望を簡単に記述することができる点が長所であった。その一方で、このカードに書かれた文言から開発すべき内容を開発チームが理解することが困難だった。そのために、具体的に開発する内容についてユーザー（開発依頼者）と開発チームとの間の合意の形成を促すために、ＸＰの中心人物のもう一人であるRon Jefferiesが以下の3C（カード、会話、確認）に基づいて検討を進める方法を提案した。

ユーザーストーリーの例

ネット書店の商品購入者として、自分が購入したい商品を検索したい。
それにより、自分が購入したい商品が購入できるかを簡単に知ることができる。

図書貸し出し担当として、図書館利用者が希望する図書を貸し出しすることができる。
それにより、利用者の図書の利用を増やすことができる。

（株）オージス総研

・カード (Card)：１枚の情報カードにユーザーストーリーを書き記す
・会話 (Conversation)：カードは、ユーザーストーリーの詳細をさらに会話する約束を表す

・確認 (Confirmation)：カードに記されたユーザーストーリーが完了したかどうかの判断のための受け入れ基準を設定する

しかし、3Cに従ってもユーザーストーリーを個別に考えた場合、以下のような状態に陥る危険性が残った。

・プロダクトを使う上で本来的になければならないユーザーストーリーの抜けに気づかずに開発を進めてしまう
・細かい粒度のユーザーストーリーを多数識別すればするほど、それらのユーザーストーリーの価値も細分化されていき、全体としてどんな価値を提供しようとしているかが不明確になったり、ユーザーストーリーの優先順位づけが困難になる

2.3.2. ユーザーストーリーマッピング

このような問題に対する解決策となりうるのが、Jeff Pattonにより提案されたユーザーストーリーマッピング[10]である。

ユーザーストーリーマッピングの例

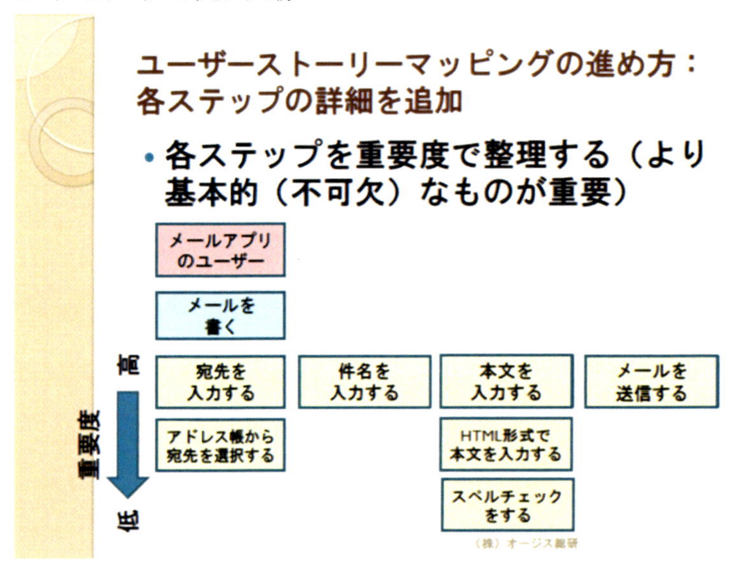

ユーザーストーリーマッピングでは、ユーザーがプロダクトを使って行いたいことの大きな分類をアクティビティーとして、そのアクティビティーを実行するために必要な機能（ユーザータスク）を時間の流れと重要度で2次元的に分解する。

ユーザーストーリーマッピングを使うことで、ユーザーが大きなレベルで行いたいことをアクティビティーとして把握するとともに、優先度の高い機能（ユーザータスク）を識別できる。これらの

10.Jeff Patton, ユーザーストーリーマッピング, オライリージャパン,2015

機能（ユーザータスク）をユーザーストーリーあるいはプロダクトバックログ項目として用いることでスクラムによる開発につなげることができる。

2.3.3. インセプションデッキ

インセプションデッキとは、アジャイルサムライ[11]という書籍で提案されたアジャイル開発を開始する前にプロダクトのビジョン、リスクなどについて利害関係者とアジャイル開発チームが合意形成を行うためのツールである。

前節までに説明したユーザーストーリーだけを用いて開発を進めると、プロダクトを作る意図や構想、範囲、リスクなどが開発チームと利害関係者の間で共有されたり、合意されたりしないために、以下のような問題が生じる危険性がある。

- 開発のゴールが不明確なために利害関係者間の一貫性のない要望等により開発が迷走したり、ずるずると続く
- 利害関係者が開発内容に対して過剰な期待を抱く

これらの危険性を避けるために、開発初期にインセプションデッキを作成することが非常に有効である。

インセプションデッキの検討項目

検討項目	説明
我われはなぜここにいるのか	今回の開発の目的を記述する
エレベーターピッチ（を作る）	今回の開発の必要性を短時間でアピールする説明を考える
パッケージデザイン（を作る）	今回の開発でできるプロダクトの特徴を記したパッケージをデザインする
やらないことリスト（を作る）	今回の開発の範囲外のことを明確にする
「ご近所さん」を探せ	今回の開発の利害関係者を洗い出す
解決案を描く	今回の開発で適用するアーキテクチャー案を策定する
夜も眠れない問題（は何だろうか？）	今回の開発に潜むリスクを明確にする
期間を見極める	今回の開発の所要期間を見積もる
何を諦めるかをはっきりさせる	今回の開発におけるスコープ、予算、時間、品質の優先順位（トレードオフ）を明らかにする
何がどれだけ必要なのか	どのようなメンバーや予算が必要かを示す

2.3.4. ユーザーストーリーと従来手法のギャップ

ユーザーストーリーは、スクラムよりさらにシンプルであるが、要求ドキュメントを分業で作成した従来の手法と比較すると以下のようなギャップがある。

- 要求表現の偏り：簡潔な機能要求に偏っており、データモデルやビジネスルール等の情報源

11.Jonathan Rasmusson, アジャイルサムライ－達人開発者への道－, オーム社, 2011

になりにくいとともに、非機能要求の表現が不足している

・開発を進めるための情報が不足：簡潔な機能要求に留まっているために、開発チームが開発を進めるための情報が不足している

これらのギャップは、開発規模が大きくなるにつれてより深刻になり、対処が求められることになる。

3. アジャイル開発導入のアンチパターンとそれを克服するための提言

本章ではまず、アジャイル開発に取り組む際の典型的なアンチパターンを説明する。さらに、そのようなアンチパターンを防ぎ、アジャイル開発をよりよく活用し、導入するための提言を、当勉強会の実行委員の講演に基づき提供する。

3.1. よく見られるアンチパターンと落とし穴、その対策

エンタープライズアジャイルの実現を阻む障害を理解するために、まず日本企業でアジャイル開発を行った際の失敗例について触れておこう。現状の開発方法に大きく手を加えずに、アジャイル開発の形だけをなぞってみることは、ネガティブな影響しかもたらさないことがよくわかるだろう。

3.1.1.「うちでもアジャイル開発やってみました」アンチパターン

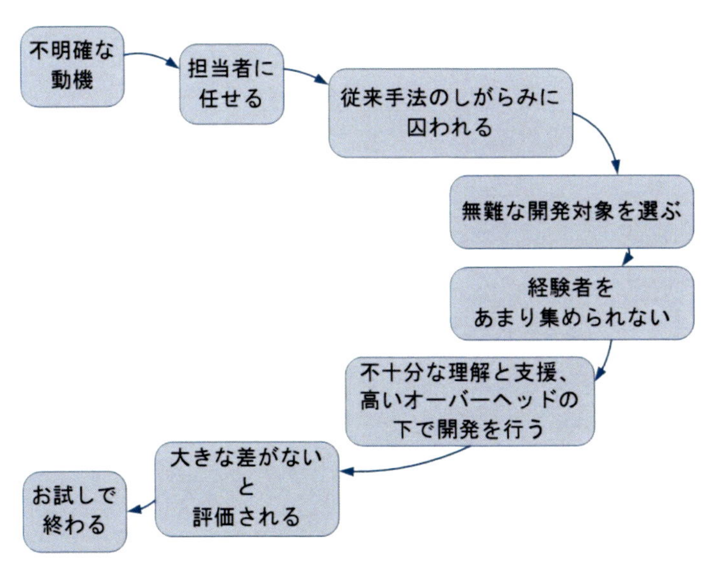

「うちでもアジャイル開発やってみました」アンチパターン

日本の企業でアジャイル開発を試みる場合、明確な失敗ではないものの、単発のお試しで終わることも多い。これを**「うちでもアジャイル開発やってみました」アンチパターン**と名付けてみる。

このアンチパターンの各ステップには、さまざまな落とし穴が存在する。落とし穴にはまると、開発が悲惨な形で失敗する可能性も高くなる。

多くの場合、アジャイル開発は1チーム体制で実行されるだろう。もし複数チームの体制で取り

組むと、失敗した場合の損害が大きくなる。そのため、このアンチパターンに現れる問題が雪だるま的に巨大化する。また、複数チームの調整や同期などの問題がさらに加わることになる。

3.1.1.1.「うちでもアジャイル開発やってみました」アンチパターンのシナリオ

アジャイル開発自体はなんとか成功する、というシナリオでは、事態は以下のように推移する。

1. IT部門の上層部が、雑誌等の記事を読んだり、他社のアジャイル開発の事例を耳にするなどして「わが社でもアジャイル開発に取り組まねば」と思い付く。アジャイル開発の事業における必要性やアジャイル開発の特性をあまり考えずに、とにかくアジャイル開発を実践してみるように部下に指示する
2. 部下は、事業部門や品質管理部門（PMO）にアジャイル開発を認めてもらうため、以下のように開発を進める
   - A）品質管理部門（PMO）が受け入れやすいように、要求や基本設計書は開発当初に文書化する
   - B）事業部門の担当者の時間をあまり取らないように、開発チーム側にプロダクトオーナー代理を立てる
3. IT部門が、事業部門の要求が不確定な開発対象にアジャイル開発適用を提案する
   - A）事業部門には、開発途上であってもある程度の要求変更には対応できる、等のメリットを示して説得する
   - B）失敗の可能性を考慮して、要求の不確定性はそれほど高くないテーマが選ばれる
4. 開発メンバーを集めるが、アジャイル開発の経験者の割合は低い
5. 要求や基本設計書の準備ができたところで、アジャイル開発を開始するが、最初数回の反復は当初の計画通りに開発が進まない
6. 3回程度の反復で計画がほぼ達成できるようになり、期日までに要求や基本設計書の内容＋αの開発をなんとか完了する
7. 要求変化への対応等である程度のメリットはあるものの、結局従来開発とそれほど大きく異なる結果が得られないため、プロジェクトの評価としては従来開発を置き換えられるものではない、と結論づけられる
8. アジャイル開発の特性を活かした開発対象であったかどうか、開発の進め方が妥当だったかどうか等の補足情報が伝わることなく、「アジャイル開発は従来開発に置き換わるものではない」という結論が組織内に広がる

3.1.2.「うちでもアジャイル開発やってみました」アンチパターンを考える

前節で述べた「うちでもアジャイル開発やってみました」パターンの「不明確な動機」ステップから、「不十分な理解と支援、高いオーバーヘッドの下で開発を行う」ステップまでについて、どこが問題か、そしてそのステップに存在し得る落とし穴と、望ましい姿を以降記述する。

3.1.2.1.不明確な動機

事業で必要なソフトウェア／システム／サービス（以降ソフトウェアと略す）の要求が仮説であるとわかっており、ソフトウェアの一部を作ることでその仮説の妥当性を確認でき、結果、ソフトウェアを成長させる必要性があるような状況。それこそが、アジャイル開発や反復開発の適用にマッチした状況である。逆に、以下のようなソフトウェアではアジャイル開発のメリットを感じるのは難しくなる。

・事業で必要なソフトウェア／システム／サービスの要求が既に分かっている
・要求の妥当性の確認においてスピードが求められない（競争があまりない）

3.1.2.2担当者に任せる

アジャイル開発で成果を出すためには、部下が制御できる範囲を超えて、以下のような組織の協力も得る必要が生じる。

・業務部門や企画部門
・品質管理部門（PMO）

部下に丸投げすると、業務部門や企画部門、品質管理部門（PMO）の理解を得るのが難しいため、結果的に従来開発に近い形でアジャイル開発や反復開発を行いがちである。

3.1.2.3従来手法のしがらみに囚われる

自明かもしれないが、このステップには以下の2点の問題点がある。

A）既存の開発方法（要求などの文書化）をあまり変えないという方針
B）事業部門の担当者の負荷を増やさないという前提

「既存の開発方法をあまり変えない」ということ自体は、常に悪いことだとはいえない。しかし、そのことで「従来手法とあまり変わらない結果」がもたらされる可能性が高まる。特に、要求や基本設計を作成するということは、それなりに時間を要する（＝スピードを落とさなければいけない）ことであるとともに、要求の不確定性が少ないことを暗示している。

「既存の開発方法をあまり変えない」方針により、要求や基本設計に加えて、詳細設計書など開発途上で作成するべき成果物を先に作成し、開発途上で要求変更のあるたびにそれらの成果物を更新していくと、開発実行時のオーバーヘッドが非常に大きくなる。このオーバーヘッドが大きいと、従来の開発よりも生産性が下がる可能性がある。そのため、開発途上で更新する開発成果物は、なるべく最低限のものに絞り込むことが望ましい。より積極的には、反復（スプリント）毎に実行されるテストの負荷を削減し、品質を確保するために単体テストや受け入れテストなどの自動化を考えることが望ましい。

「事業部門の担当者の負荷を増やさない」ことは、開発対象であるシステムの事業上の位置づけが低くてもよいことを暗示しているのかもしれない。事業上の位置づけが高く、早期のリリースを望まれるシステムであれば、事業部門の担当者の負荷が高まることに対する理解が得られる可能性もある。

3.1.2.4. 無難な開発対象を選ぶ

　このステップには以下の問題がある。

　C）要求が少し不確定な開発対象の提案

「既存の開発方法をあまり変えない」のと同様に「要求が少し不確定な開発対象」を開発した場合、「結局従来手法でも開発できたのではないか」と受け取られる可能性がある。それにもかかわらず、要求が少し不確定な開発対象を提案するのは、事業部門側が度を超えて要求を変更することで、開発チームの負荷が高まるのではないかという恐れに基づいているのかもしれない。そうであれば、事業部門側に度を超えた要求には対応できないと理解してもらう必要がある。

　事業部門側が限度を超えた要求をすることで、開発チームの負荷が高まることを防ぐためには、事業部門に以下の2点を理解してもらう必要がある。

・開発チームが一定期間に開発できる開発規模（ベロシティー）は一定である
・個別の要求変更を行うことで、当初想定していたリリース内容の一部を諦めることになる

　また、ときとして事業部門の担当者がアジャイル開発の生産性等に対して過大な期待を抱くこともある。そのような過大な期待を防止するためにも、最終的に得られるソフトウェアのスコープについて、開発当初の見通しを明確に説明したほうがよい。

3.1.2.5. 経験者をあまり集められない

　近年、アジャイル開発に取り組む企業が増えていることで、アジャイル開発の実践経験がある技術者に対する需要が高まっている。しかし実際には供給が追い付いていないため、開発メンバーの大半がアジャイル開発の実践経験者であるという状態を実現するのは困難だろう。開発メンバーの大半にアジャイル開発の経験がない場合は、最低限、実践経験のあるスクラムマスター、またはアジャイル開発のコーチによる支援のあることが望ましい。そうしないと開発に失敗する可能性が高い。ただし、この改訂版を執筆している2019年2月の時点では、アジャイル開発のコーチのニーズに対する供給が不足してきており、その支援を依頼するのも困難かもしれない。

　そのような場合、プロジェクトのメンバーとなるアジャイル開発の未経験者の多くが、以下のような条件に当てはまると、アジャイル開発を円滑に実践することが難しくなる。

・今までの開発のやり方を変えることに抵抗がある
・受け身で指示された作業しか行わない

　そのため、少なくともこのような条件に当てはまらない開発メンバーを集めることが大事である。

特に、開発メンバーが別会社の社員の場合は、アジャイル開発で達成したい事業上の目標に対する共感がなかったり、前述したように度を超した要求変更への恐れ等から、従来の開発手法を変えることに対して消極的になることもある。要は、既存の開発と異なる方法で開発を進めた結果、開発がうまく進まなかった場合のしわ寄せが、自分たちに押しつけられるのではないかと警戒するのである。

スクラムをベースにしたアジャイル開発を適用する場合には、アジャイル開発の未経験者に対して、以下のような最低限のトレーニングを実施することが望ましい。

・スクラムのトレーニング
・プロジェクトで使う技術プラクティスのトレーニング

これらのトレーニング後に、スクラムマスターを中心とした開発メンバー全員で、開発作業のまとまりごとの完了基準について合意を取ることが望ましい。このような完了基準を、スクラムでは「完了の定義」と呼ぶが、そのような「完了の定義」の例として以下のようなものがある。

・反復（スプリント）の完了の定義
・リリースの完了の定義

この完了の定義において、反復（スプリント）で開発したコードに対してどのようなテストを実施するかということや、リリースに必要なテストやその他の作業を明示する。
さらに、大規模な開発では最低限、以下のような体制を整えることが望ましい。

・スクラムで安定的に開発できるチーム
・複数チームを統括する、上位のプロダクトオーナーやスクラムマスター
・複数チーム間のアーキテクチャー的な一貫性や、UXの統一を確保することを支援するアーキテクトやUXの専門家

3.1.2.6. 不十分な理解と支援、高いオーバーヘッドの下で開発を行う

前節で述べたスクラムマスターやコーチの支援が無かったり、開発メンバーの多くがアジャイル開発に抵抗したり、トレーニングを受けないで開発の実行段階に突入すると、大混乱に陥る可能性が高い。それらに加えて、開発の実行段階では、以下のようなさまざまな落とし穴がある。

A）アジャイル開発の理解不足

⇒プロダクトオーナー（PO）やスクラムマスターが、従来のPM的な観点で“スプリント計画はPMが計画を説明する場”と位置づけてスプリント計画を実行。または、デイリースクラムや振り返りは時間の無駄だと考えて省略する

B）POの関与とコミュニケーション不足

⇒POの開発への関与が少ない
　疑問に回答しない
　動くソフトを確認しない
⇒開発チームがPOに確認せず、自分たちで勝手に仕様を決める

C）開発チームが物理的に分散している
⇒開発チームが分散していて、メンバー間で直接的がコミュニケーションを取りづらい

D）設備が不十分
⇒常時開発メンバーが見える場所にタスクボード、バーンダウンチャートなどを設置できない

E）リスク管理が不十分
⇒アーキテクチャーなどの潜在的な技術リスクを、開発の早い段階で動くコードで確認せず開発を進めてしまう

F）アジャイル流のガバナンスの欠如
⇒計画を立てない、見積もりをしない、計画と実績を対比しない
⇒時間枠を守らない
⇒スプリントの振り返りに基づく改善を行わない

アジャイル開発を初めて実践するメンバーが多い場合には、最初の数回のスプリント（反復）が計画通りに進捗しないことも多い。そのような場合には、「計画通りに進捗しない」ことを問題にするのではなく、そのスプリントで振り返りが実践され、何らかの具体的で実行可能な改善策が得られるように見守ったほうがよい。そのような改善策が得られれば、それが次のスプリントでどう効果を表すかを見守るべきである。

これらの問題の多くは、経験のあるスクラムマスター、またはアジャイル開発のコーチが開発チームに割り当てられることで解決できる。しかし、POとのコミュニケーション問題の解決には、開発チームの所属とPOの所属の両方に影響力があるような、シニアな管理職の支援が必要になる可能性がある。

また、「従来手法のしがらみに囚われる」の節に記したことの繰り返しになるが、「開発途上で要求変更があるたび、それらの成果物をすべて更新する」ことを求めると、その作業負荷のために、従来手法よりも開発チームの生産性が低下する危険性が高まることに気をつけるべきである。

3.1.3. まとめ

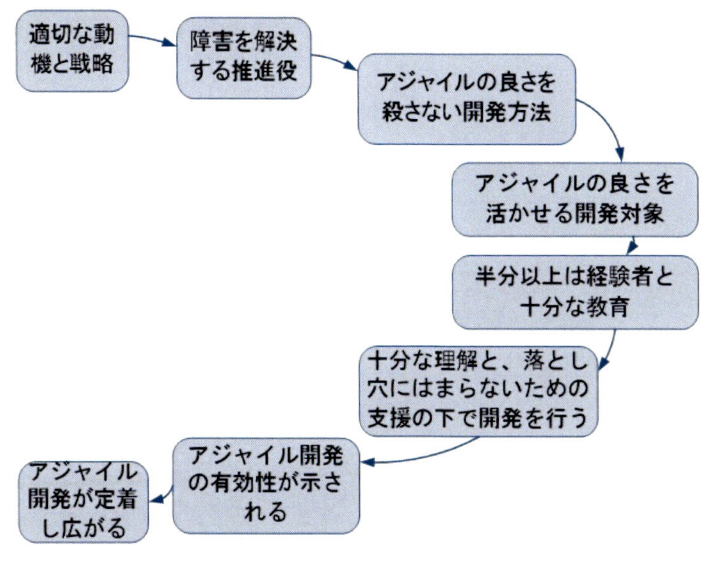

あるべき姿

もっとも大事なことは、事業部門と開発部門の両方に対して影響力がある立場の人が、アジャイル開発を利点と難しさの両面で理解し、アジャイル開発を適用する事業上の狙いを明確にすることである。さらに、アジャイル開発を適用する事業上の必然性があるならば、その人がアジャイル開発の推進者を任命し、その推進役が関係する所属元との調整を行う際に必要な支援を提供することである。

また、アジャイル開発を適用する方針が定まったら、アジャイル開発の推進者は、社内の関係者がアジャイル開発を正しく理解するように支援する必要がある。さらに、プロダクトオーナーや開発メンバーにはアジャイル開発の実践に関するトレーニングを提供するとともに、経験のあるスクラムマスターやアジャイル開発のコーチを割り当てる必要がある。

アジャイル開発の導入時点で「うちでもアジャイル開発やってみました」アンチパターンをなんとか切り抜けても、その先には、「アジャイル開発を継続的に必要とする開発課題があるか」という、もうひとつのヤマがある。継続的にアジャイル開発を必要とする開発課題がなければ、アジャイル開発が導入されても、そのためにチームを維持することができない。結果、経験を積んだチームメンバーが散り散りになったり、アジャイル開発から従来手法に戻ったりする。そのため導入時点で、継続的にアジャイル開発を必要とする開発課題にうまくターゲットを合わすことが望ましい。

この節を読んで、アンチパターンや多くの落とし穴があるため、アジャイルの実践は一筋縄ではいかず、難しいとの印象を持たれた方も多いかもしれない。本章の残りの部分では、このようなアンチパターンや落とし穴に陥らないためのさまざまな提言を提供する。本章の内容を念頭に置いて事例の章を読めば、その多くがここで挙げているようなアンチパターンや多くの落とし穴を巧みに回避していることがわかるだろう。そうできたのは、アジャイル開発を適用する事業上の狙いが明確で、アジャイル開発の推進者が適切に任命され、十分な支援が得られたことに負うところも大きい。これがアジャイル開発を適用する際の要点だと考えられる。

3.2. アジャイル開発導入のアンチパターンを克服するための提言

2014年度下期を中心にした当勉強会の実行委員の講演には、前節に記した「よく見られるアンチパターンと落とし穴」を避けるための、ヒントになるような内容が多く含まれていた。本節では、これらの講演を以下のような観点で整理して概説する。

- **戦略**
  —企業や事業部がどんな狙いでアジャイル開発を使うのか？
  —企業や事業部でアジャイル開発を適用する場合に注意すべき点は何か？
  —アジャイル開発の投資効果をどのように考えるべきか？
- **戦術**
  —プロダクトやシステムの構想をどう発想するのか？
  —プロダクトやシステムの構想を、どう要求に落とし込むか？
  —チームレベルを超えたアジャイルの実践方法にはどのようなものがあるか？
  —ガバナンスに対する既存の考え方を変えるべきか？
- **普及／転換**
  —導入／転換はトップダウンで行うべきか？ボトムアップで行うべきか？
- **日本固有の問題とその他の課題**
  —ユーザー企業とSI会社に分かれた産業構造でチームレベルを超えたアジャイルは実践可能か？

なお、本書で引用しているスライドの多くは、エンタープライズアジャイル勉強会のWebの「講演資料のダウンロード」ページ（https://easg.smartcore.jp/C23/file_list）から入手可能である。

3.2.1. 戦略

3.2.1.1. 企業や事業部がどんな狙いでアジャイル開発を使うのか？

この質問に対する回答は、まず**「競合他社との差別化を行うために、ソフトウェアの比重に依存する業務、サービス、プロダクトを提供するため」**ということになる。さらに、**「このような業務、サービス、プロダクトを実現するため時間的制約が厳しい」**といえる。

これらの回答を整理すると、以下の点がポイントになる。

A）競合他社との差別化を実現するための戦略を考える
B）戦略の実現手段としてソフトウェア（システム、サービス）の比重が高い
C）戦略を実現するためのソフトウェア（システム、サービス）が稼働するまでの時間的制約が厳しい

エンタープライズアジャイル勉強会（以下、当勉強会）実行委員の依田氏は、企業のアジリティーの実現において、A)、B)を考慮した問題解決の領域を3つ設定することを提案している[1]。また、戦略を考えるうえでマイケル・ポーターが提案した5つの条件[2]中の価値提案の以外の4条件に対して、システム開発手法やアジャイル開発などが密接に関連すると述べている。さらに、価値提案を考えるための3つの質問を紹介している。

優れた戦略の５つの条件（実行委員依田氏の講演「エンタープライズ・アジャイル開発が果たすべき役割」(2014年) のスライドを引用）

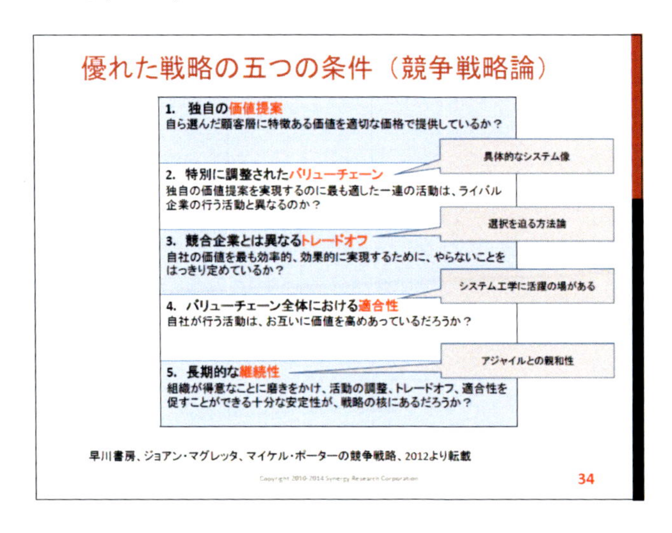

1. 依田智夫, エンタープライズ・アジャイル開発が果たすべき役割,https://easg.smartcore.jp/C23/file_details/V2o0RE53PT0=

2. マイケル・E・ポーター, 競争戦略論 <1>, ダイヤモンド社,1999.

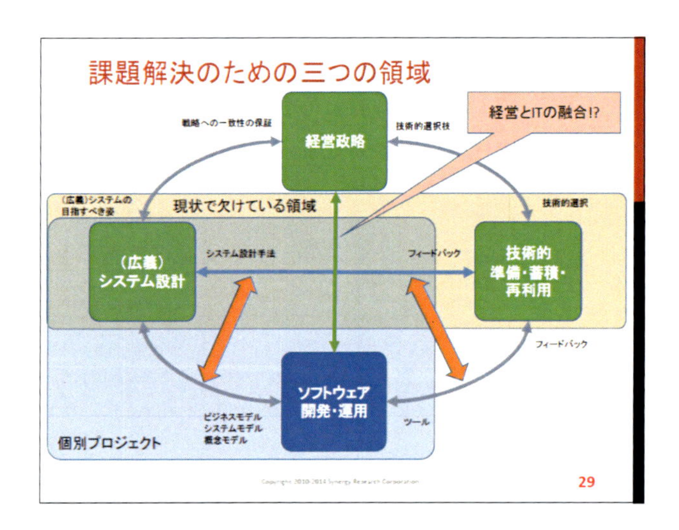

蛇足かもしれないがマイケル・ポーターが提案した、優れた戦略の5つの条件を考えるためのツールとして、ビジネスモデルキャンバス[3]などのツールが有効だろう。また、後述するチームレベルからアジャイル開発をスケールするためのフレームワークであるSAFe (Scaled Agile Framework)[4]において、競争戦略を実現するのに必要なプロダクト、システム、サービスの方向性が「戦略テーマ」として表現されている。

価値提案を考えるための3つの質問（実行委員依田氏の講演「エンタープライズ・アジャイル開発が果たすべき役割」(2014年) のスライドを引用）

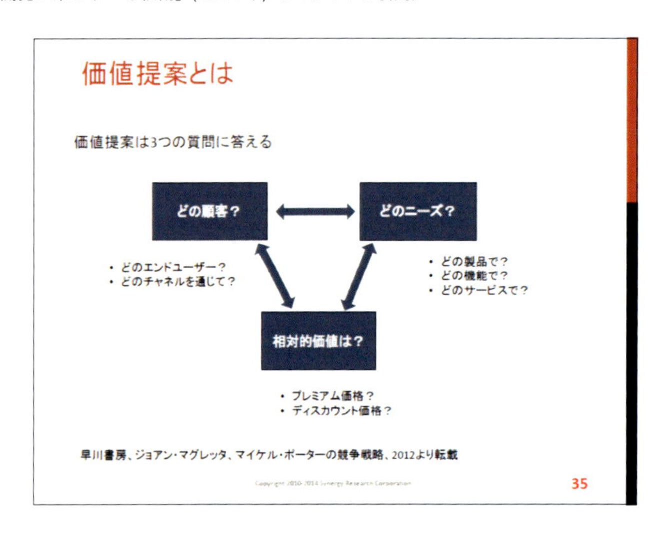

3. アレックス・オスターワルダー, イヴ・ピニュール, ビジネスモデル・ジェネレーション ビジネスモデル設計書, 翔泳社,2012
4.SAFe 4.0 日本語サイト:http://www.scaledagileframework.com/jp

監修者のスライドを引用

リーンスタートアップ

- **構築する**
  - アイデア（仮説）に基づきプロダクトを作る
- **測定する**
  - プロダクトの有効性に関するデータ取りをする
- **学習する**
  - データに基づいてアイデア（仮説）の妥当性を確認する

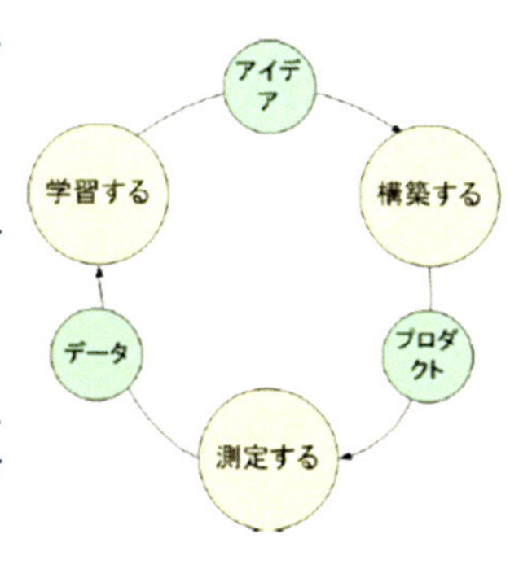

（株）オージス総研

言うまでもないことかもしれないが、このように戦略を綿密に考えても、その戦略が期待どおりの成果を上げるかどうかは保証されていない。つまり、戦略はひとつの仮説にすぎない。そのような場合には、仮説の妥当性を裏付けるようなフィードバックをできる早く得ることが大事になる。この点において、システムやプロダクトの基本部分を早くリリースすることで、仮説の妥当性を早く確認できるアジャイル開発や反復開発が有効になるのである。

エリック・リース氏は『リーン・スタートアップ』[5]という書籍のなかで、このような動くソフトウェアによる仮説検証の重要性を示した。

プロダクトが提供する、価値に関する仮説の妥当性を検証する形での開発の重要性や進め方については、市谷氏の講演「アジャイル開発に先立つ仮説検証とは」[6]が参考になる。また、「リーン・スタートアップ」の実践事例としては本書第4章のコクヨの事例が参考になるだろう。

3.2.1.2. どんなシステムの開発にアジャイル開発を適用すべきか？

回答：企業の差別化につながるシステムの開発にアジャイル開発を適用すべき。

当勉強会実行委員の中山氏は、「企業の独自性が強い業務はパッケージでは難しく、”手組み”が必要」と述べ、その部分の業務システムの開発に反復開発やアジャイル開発が適していると述べている[7]。

中山氏の意見と類似した考え方は、文献[8]にも目的合わせモデル（Purpose Alignment Model）として記載されている。この文献では、システムを開発する際に「開発対象のシステムがあるために顧客は自分達の会社の製品やサービスを購入してくれるのか？」「開発対象のシステムは基幹系か？」

---

5. エリック・リース, リーン・スタートアップ, 日経BP, 2012
6. 市谷 聡啓, アジャイル開発に先立つ仮説検証とは,https://www.slideshare.net/papanda/why-84153441
7. 中山嘉之,*EA*（エンタープライズアジャイル）には*EA*（エンタープライズアーキテクチャー）が必要,https://easg.smartcore.jp/C23/file_details/VWpFSU53PT0=
8. Pollyanna Pixton, Niel Nickolaisen, Todd Little and Kent McDonald,*Stand Back and Deliver: Accelerating Business Transformation*, Addison-Wesley, 2009

と問いかけて、両者の答えが両方とも「はい」であるものに対しては、アジャイル開発のような開発を適用すべきだと記している。

次世代手組みの適用対象（実行委員中山氏の講演「EA（エンタープライズアジャイル）にはEA（エンタープライズアーキテクチャー）が必要」（2014年）のスライドを引用）

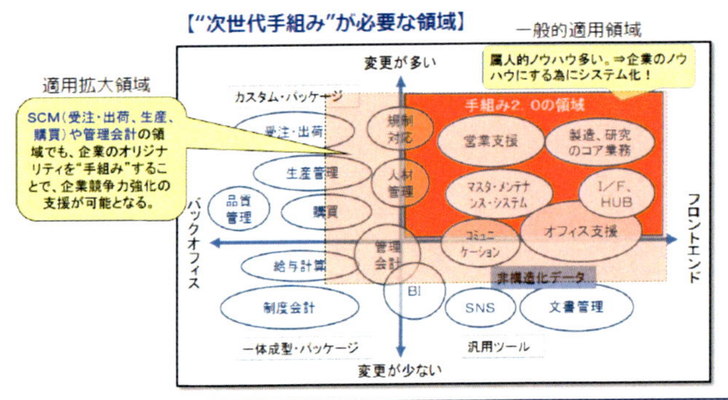

 7

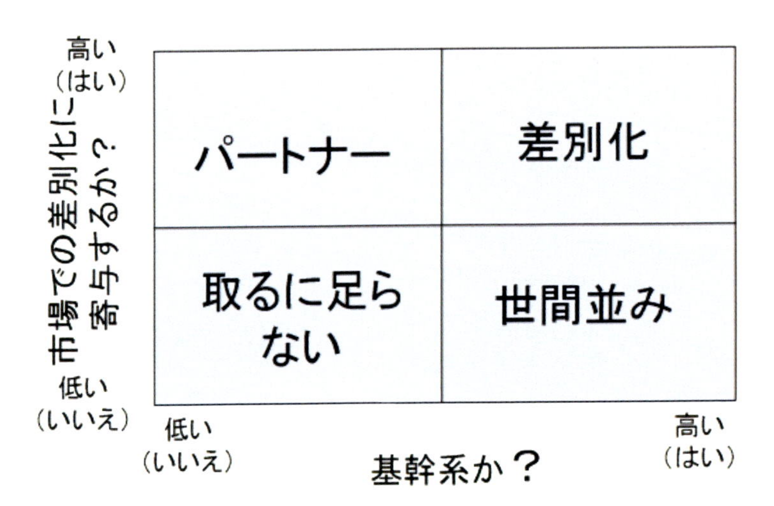

また、取り扱っているものが低価格で価格競争にさらされているような業種であっても、ITによる付加価値の提供が可能であることが文献[9]に示されている。この文献では、ファーストフードチェー

9.Michael H. Hugos,*Business Agility: Sustainable Prosperity in a Relentlessly Competitive World*, Wiley. 2009

ンに紙カップ等の消耗品を販売するビジネスにおいて、発注元のさまざまな発注書の形式に対応し、発注実績に関するレポートを提供するなどのシステムを実現して競争に勝った著者の経験が記されている。また、そのようなシステムを軽量に短期間で開発することの重要性も強調されている。

3.2.1.3. 企業や事業部でアジャイル開発を適用する場合に注意すべき点は何か？

この質問に対する回答には、組織全体で注意すべき点とプロジェクト単位で注意すべき点がある。プロジェクト単位で注意すべき点の多くは、先の「3.2. よく見られるアンチパターンと落とし穴、その対策」のところで説明したので、ここでは1点を挙げるに留める。

●組織全体で注意すべき点

・ビジネスアーキテクチャーとシステムアーキテクチャーの設計が重要である

●プロジェクト単位で注意すべき点

・もっとも注意すべきなのは、前の節で記した「明確な狙いとアジャイル開発を適用する必然性があるか」ということである

ビジネスアーキテクチャーとシステムアーキテクチャーについては、当勉強会実行委員の中山氏、山岸氏、鈴木氏が各々以下の観点の重要性を強調している。

・中山氏：エンタープライズアーキテクチャー[10]
・山岸氏：継続的リフォーム[11]
・鈴木氏：マイクロサービスアーキテクチャー[12]

---

10. 中山嘉之,EA（エンタープライズアジャイル）にはEA（エンタープライズアーキテクチャー）が必要,https://easg.smartcore.jp/C23/file_details/QjJRR09RPT0=
11. 山岸耕二, エンタープライズシステムの継続的リフォームにおけるアジャイル開発,https://easg.smartcore.jp/C23/file_details/VmpJRU1nPT0=
12. 鈴木　雄介, エンタープライズアジャイルと全体最適について,https://easg.smartcore.jp/C23/file_details/VnpNSU9nPT0=

全社アーキテクチャー不在になる危険性（実行委員の中山氏の講演「EA（エンタープライズアジャイル)にはEA（エンタープライズアーキテクチャー)が必要」（2014年）のスライドを引用）

“次世代手組み”の前に過去の“過ち“を振返る

■ １９９０年代：
オープン化で各社はメインフレーム時代のデータモデルを捨てた
⇒物理実装は変われども、論理モデルは普遍であるハズが。。。
原因）日和見主義、集団行動、マスコミの煽り

■ ２０００年代：
ＥＲＰ導入で自社のモデル（データ、プロセス）を捨てた
⇒あたかも企業システムがコモディティであるかの如く錯覚した？
原因）ＣＩＯ不在、ブランド主義、業務音痴

■ 今後の予見：
アジャイル開発で全社的アーキテクチャが不在に！
⇒ＤＢ一元化など全体最適の横串機能は必要なハズが。。。
原因）ベンダー丸投開発、情シス不在、ファッション

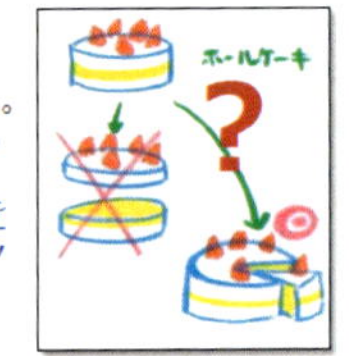

★結果、企業システムはスパゲッティとサイロの山を築きカオスと化す⇒“コスト、スピード、情報品質”の面で企業経営に悪影響を及ぼす可能性あり！

⇒企業システムの構造（ｴﾝﾀｰﾌﾟﾗｲｽﾞｱｰｷﾃｸﾁｬ）を考える必要あり！

 9

EAを描く各種モデル図（実行委員の中山氏の講演「EA（エンタープライズアジャイル)にはEA（エンタープライズアーキテクチャー)が必要」（2014年）のスライドを引用）

ＥＡ（ｴﾝﾀｰﾌﾟﾗｲｽﾞｱｰｷﾃｸﾁｬ）を描く各種モデル図

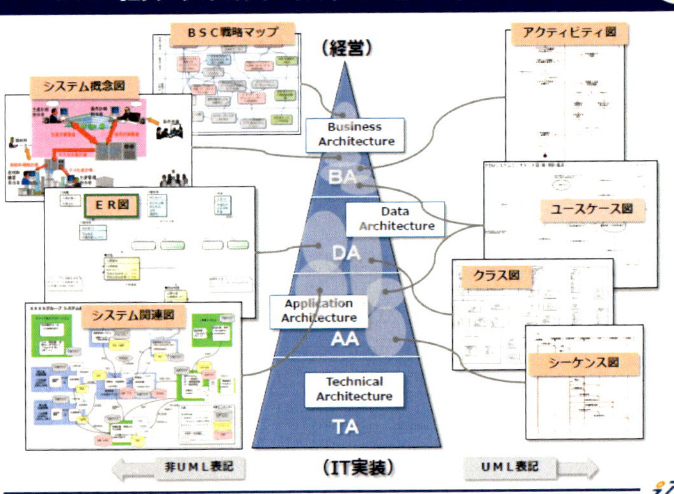

 15

ITアーキテクチャー設計とは（実行委員の中山氏の講演「EA（エンタープライズアジャイル)にはEA（エンタープライズアーキテクチャー)が必要」（2014年）のスライドを引用）

ＩＴアーキテクチャ設計とは？

・企業のケイパビリティ*向上のため、その企業に見合ったシステム構造（アーキテクチャ）の将来像を描き、それに向けた移行計画を立案すること。　※企業が得意とする組織的な能力のこと。スピード、高品質、効率性など。

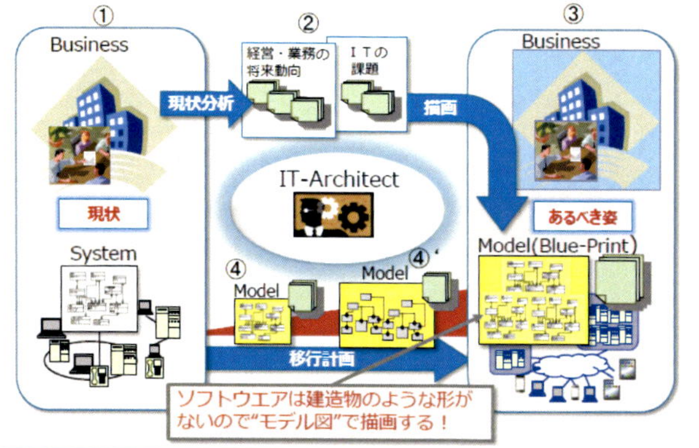

　14

中山氏のエンタープライズアーキテクチャーの講演では、まずアジャイル開発への懸念として、全社的アーキテクチャーが不在になる危険性の指摘があった。つまり、ITアーキテクチャー設計は本来的に「企業のケイパビリティー向上のため、その企業に見合ったシステム構造（アーキテクチャー）の将来像を描き、それに向けた移行計画を立案すること」という役割がある。であるにも関わらず実装中心にアジャイル開発を進めると、ITアーキテクチャー設計が担うべきことが行われなくなる、という危険性である。

中山氏が提起した懸念を解消するためには、アジャイル開発を適用する場合にも、ビジネスアーキテクチャーとシステムアーキテクチャーを表現するためのモデルを描き、そのモデルで将来像や移行計画を考えていくことが必要になる。

目指すべきTo-Beシステムアーキテクチャー（実行委員の山岸氏の講演「エンタープライズシステムの継続的リフォームにおけるアジャイル開発」(2015年) のスライドを引用）

目指すべきTo-Beのシステムアーキテクチャ

- 業務とシステムの整合性確保
  - 業務モデルとシステムモデルのトレーサビリティが確保され、業務変化に合わせてシステムを追従させる仕組み
  - 業務的な単位のシステムサービスを組み合わせてシステムを構成する仕組み
- ビジネススピードへの適応する保守性の確保
  - 個々のシステム構成要素（コンポーネント）が適正粒度に刻まれていること。ユニット単位で保守。
  - 独立性が高く、変更時の影響範囲が限定されている
  - 役割が明確で変更箇所の特定が容易
  - コンポーネント間が疎結合かつ標準的インターフェースで接続されており、コンポーネントの抜き差しが自由
- 頻繁な変更、長期の利用を想定したアプリケーション統合基盤（枠組み）の確立
  - コンポーネントの入れ替え、メッセージ切り替えなどのオペレーションをサポート
  - 共通部分をユーティリティとして管理
  - ハードウエア、ネットワーク、OSなどインフラレイヤーを仮想化。下々の影響から脱却。

MethodoLogic

継続的リフォームの推進に求められる取り組み

疎結合

- エンタープライズとしての基盤の構築
  - 全社の主要システムを連携し、サービス指向で疎結合に構成されたエンタープライズシステム基盤上へと移行させる
  - 業務の変更や技術の変更に対して安定なレイヤーを維持し、それぞれの変更を吸収し継続的な進化を可能にする

アジャイル

- 自由度の高い開発組織への移行
  - 開発会社への一括発注では、リスクを載せた高い見積りとなり、細かな要求への対応も困難。事前の仕様フィックスが強いられタイムリーに適切なサービスを提供できない。設計情報やノウハウが開発会社に蓄積され、囲い込み状態で身動きがとれなくなる。システムが企業の中枢を担う状況で、丸投げのアウトソースはありえない。
  - 社内で安定したリソースを確保し、パートナー等を含めたイテレーション開発の体制を作る。アジャイルに要求に応えるモデルで、継続的に業務改善を行う。設計情報やノウハウが社内組織に蓄積される

要求開発

- 業務をITと結びつける手法の導入
  - 業務を可視化し、上位目的に合致したシステム仕様をロジカルに導き出す手法により、必要となるサービスを適正な粒度で切り出す。これによって基盤上のサービスと業務の対応がとれ、業務の変更やM&A、アウトソーシング化などによるバリューチェーンの変更にも柔軟に対応できるようになる。

MethodoLogic

段階的かつ継続的リフォームを可能にするエンタープライズシステムアーキテクチャー（実行委員の山岸氏の講演「エンタープライズシステムの継続的リフォームにおけるアジャイル開発」(2015年) のスライドを引用）

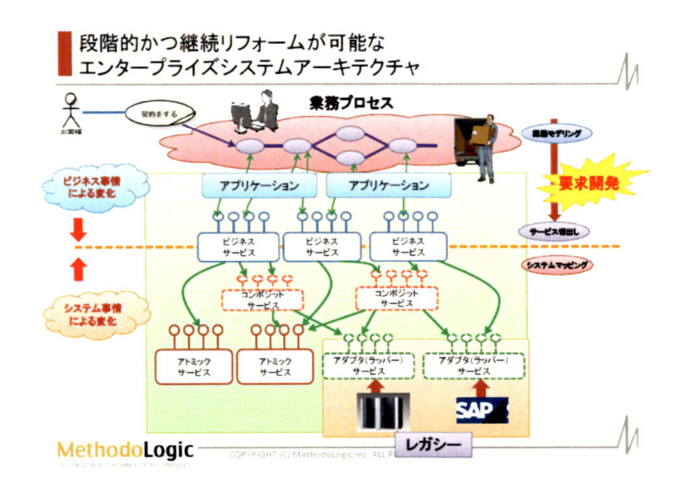

山岸氏の提唱する継続的リフォームとは、毎回の業務の変化に対してエンタープライズシステムを一から再開発するのではなく、リフォームのように変化が必要な部分を少しずつ発展させるということである。そのためには、「エンタープライズシステムをサービス指向化しなければならない」と述べている。さらに、そのようなITアーキテクチャーを前提として、以下のような取り組みを行うことで継続的リフォームが実現できると述べている。

- **モデリングを活用して業務側のニーズからシステム要求を要求開発する**
- **チームレベルのアジャイル開発により効率的に開発を行う**

一方で当勉強会実行委員の鈴木氏は、このようなアーキテクチャーとして実際に用いられているものは、トップダウンなサービス指向アーキテクチャー（SOA）ではなく、ボトムアップ的なマイクロサービスアーキテクチャー（MSA）ではないかと述べている。さらに、MSAを構成する機能の性質（フロントエンド、バックエンド）に応じて、アジャイル開発と従来開発手法の使い分けを行うべきではないかと述べている。

鈴木氏はさらに、講演「アジャイル開発を支えるアーキテクチャ設計」[13]でアジャイル開発チームが開発したシステムを既存のシステムと共存させるためのアーキテクチャー設計上の留意点やアイデアを提案した。

13. 鈴木 雄介, アジャイル開発を支えるアーキテクチャ設計とは,https://www.slideshare.net/yusuke/ss-84327277

マイクロサービスアーキテクチャーとは（実行委員の鈴木氏の講演「エンタープライズアジャイルと全体最適について」(2015年) のスライドを引用）

GxP

MSAとは

Microservices Architecture

- サービスによるコンポーネント化
- ビジネスケイパビリティに基づく組織化
- プロジェクトではなくプロダクト
- スマートなエンドポイントと単純なパイプ処理
- 分散ガバナンス
- 分散データマネジメント
- インフラの自動化
- フェイルを前提とした設計
- 進化的な設計

http://martinfowler.com/articles/microservices.html
"Microservices"

3.2.1.4. アジャイル開発の投資効果をどのように考えるべきか？

回答：複数年にわたる精緻な投資効果のモデルを考えるよりは、3カ月から6カ月の期間である程度の開発を行い、その成果が期待を裏付けるかを確認するべき。

つまり、3カ月から6カ月の期間で（少なくとも社内で）リリースをし、そのリリースされたものでさらなる投資に値するかを判断するのである。

アーキテクチャーからアジャイルへ（実行委員の鈴木氏の講演「エンタープライズアジャイルと全体最適について」(2015年) のスライドを引用）

アーキテクチャの敗北

アーキテクチャからアジャイルへ

- 「象牙の塔のアーキテクト」という批判
  - プロジェクトの柔軟性を確保するためには事後的な調整を重視することが重要だった
- もちろんアーキテクチャは重要
  - アジャイルでも「必要なだけ決める」ことは大事
  - マネジメントには、必ず技術的な土台が必要
  - 優れたアジャイラーは優れたアーキテクト

柔軟なアーキテクチャーの登場（実行委員の鈴木氏の講演「エンタープライズアジャイルと全体最適について」(2015年)のスライドを引用）

アーキテクチャの逆襲

柔軟なアーキテクチャの登場

- アーキテクチャが十分に柔軟であれば、マネジメント上の柔軟性に頼らないでも良くなる
- 近年でトレンドになりつつあるのがマイクロサービスアーキテクチャ（MSA）

MMFを重ねながら開発する（監修者のスライドを引用）

MMFを重ねながら開発する

MMFは、プロダクトのフル機能の一部であり、プロダクトの利用価値をある程度提供（評価可能に）する機能群。

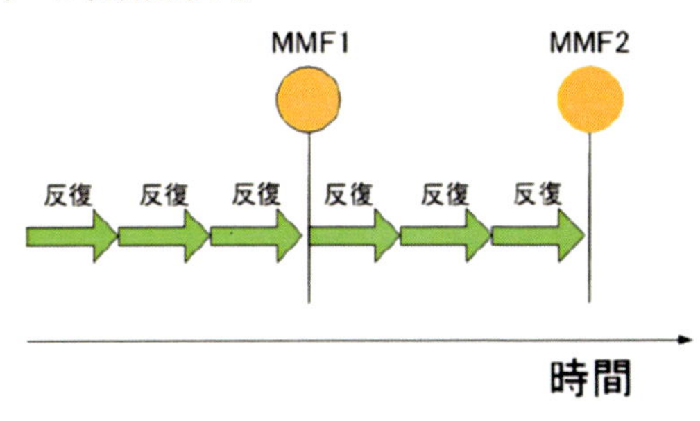

アジャイル開発であれ、反復開発であれ、複数回のリリースを通じてプロダクトを発展させる形で開発を進める。それらのリリースで提供される機能のまとまりを、「市場に出せる最低限のフィーチャー（MMF：Minimum Marketable Feature）」と呼ぶ。MMFという言葉は、反復開発やアジャイル開発の投資効果を論じた" *Software By Numbers* "という書籍[14]で一躍世に広まった。

14.Mark Denne, Jane Cleland-Huang,*Software by Numbers: Low-Risk, High-Return Development*, Prentice Hall, 2003

”*Software By Numbers*”では、反復開発やアジャイル開発の投資効果を以下のような指標でモデル化している。

●将来のお金の現在価値(PV: Present Value)：

・$PV=\$x/(1+i/100)^n$

・$x：将来価値、i：利率、n：年数

●割り引きキャッシュフロー(DCF: Discounted Cash Flow)

・DCF=PVで補正した期間毎のキャッシュ持ち高

●正味現在価値(NPV: Net Present Value)

・NPV=Σ DCF

●内部収益率(IRR: Internal Rate of Return)

・プロジェクトのNPVが0になる利率

この書籍に示されたROIや最終的に得られるIRRの値で投資効果の比較を行った例をグラフ化したものを以下の図に示す。

従来手法とアジャイル開発のROI（書籍”*Software By Numbers*”に掲載されているデータをグラフ化）

従来手法とアジャイル開発のROI

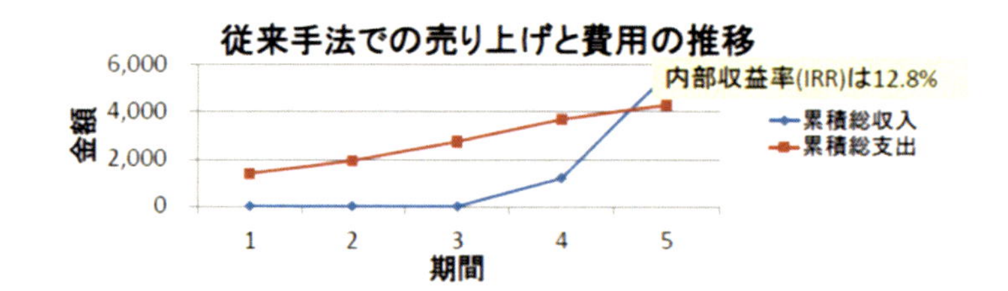

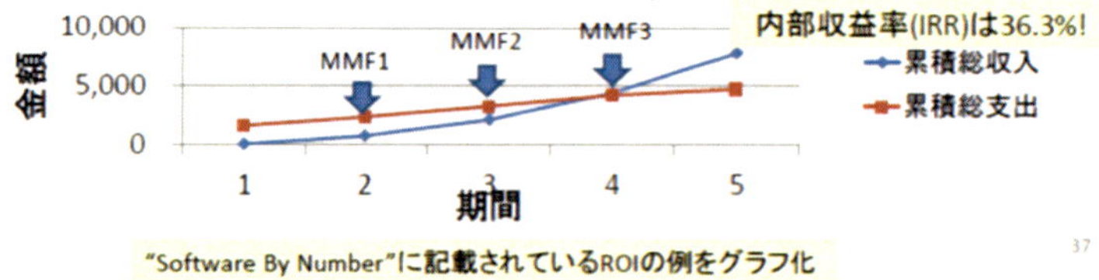

“Software By Number”に記載されているROIの例をグラフ化

この例では、アジャイル開発の場合の期間2以降は単位期間毎にMMFをリリースするのに対して、従来手法では期間4で機能の一部がリリースされ、期間5で全機能がリリースされている。この結果、従来手法で開発した場合のROIは47%、IRRは12.8% に対して、アジャイル開発の場合のROIは188%、IRRは36.3%になっている。

もちろん、これらの数字を単純比較してMMFを早くリリースしたほうが常に良いとはいえない。しかし、前述したようにアジャイル開発や反復開発を用いることで、従来手法で開発が完了する期間内に複数回のリリース（MMF）を提供することが可能になる。複数のMMFをリリースできることには以下の2点の潜在的なメリットがある。

- **投資に対する効果をより早く得ることができる**
- **MMFにより、開発したものの有用性や市場性をより早く確認できる。このことで有望なものに追加投資し、効果を大きくしたり、見込みがないものを早く止めて損失を抑制することができる**

このように複数のMMFで成果を確認しながら予算付けを行う方法を、インクリメンタルな予算付け手法 (IMF: Incremental Funding Methodology) と呼ぶ。"*Software By Numbers*"では、ROIを最大にするためには複数のMMFの順序付けをどのようにしたらいいか、という方法について論じている。

なお、MMFで成果を確認しながら予算付けを行おうとすると、予算付けの判断の頻度が増える。より頻繁な判断をスピーディーに行うためには、予算付けの判断を分散（委譲）することを考える必要がある。

また、ROI分析やNPV分析に基づくROIモデルを検討することには以下のふたつの留意点がある。

- **どのようなROIモデルでも、あくまでひとつの仮説にすぎない。本当に数年間にわたるような長期モデルを構築する意味があるかについて、よく考える必要がある**
- **精緻なROIモデルを作れば作るほど、さまざまな隠れたパラメーターで操作することが可能になるため、ROIモデル同士の比較が正当なものにならない可能性がある**

これらの留意点を考えた結果、SAFe[15,16]では比較的長期間にわたるROIを、精緻に考えてプロダクトやシステムの企画を承認するのではなく、以下のようなふたつの方法でプロダクトやシステムの企画を承認し、その企画の妥当性を継続的に評価する方式が用いられている。

- **プロダクトやシステムの企画を、事業の戦略的な方向性と、経済的な成果と開発期間との兼ね合いで評価し、見込みのあるプロダクトやシステムの企画を段階的に絞り込む**
- **承認され、開発体制が割り当てられたプロダクトやシステムの企画に対して、8-12週毎に動作するプロダクトやシステムを作成する。そして動作するプロダクトやシステムの有効性を顧客、企画担当者、その他の利害関係者が評価する**

後者の有効性は市場への投入（あるいは本番稼動）前は顧客、企画担当者、その他の利害関係者などが評価し、市場への投入（あるいは本番稼動）後は売り上げなどのビジネス成果で評価する。その評価結果により、そのプロダクトやシステムへの開発投資の増減を判断していく。

15.SAFe 4.0 日本語サイト:http://www.scaledagileframework.com/jp

16.Dean Leffigwell, アジャイルソフトウェア要求: チーム, プログラム, 企業のためのリーンな要求プラクティス, 翔泳社,2014

3.3.2. 戦術

3.3.2.1. プロダクトやシステムの構想をどう発想するのか？

回答：価値の高いプロダクトやシステムを考案するために、サービスデザイン思考のような方法を使うことができる。

戦略の方向性が決まり、それが承認されたなら、市場や本番環境に投入することとなる。そして顧客にとって魅力的であり、業務に役立つような具体的なプロダクトやシステムを考える必要が生じる。つまり、プロダクトやシステムの構想である。

顧客にとって価値の高いプロダクトやシステムを考案する方法として近年注目されているのが、当勉強会実行委員の竹政氏が紹介したサービスデザイン思考である[17]。

サービスデザイン思考とは（実行委員の竹政氏の講演「サービスデザイン思考のエンタープライズアジャイルにおける位置づけ」（2015年）のスライドを引用）

サービスデザイン思考は、デザイン会社であるIDEOのイノベーション手法であるデザイン思考と、それをビジネスに使用できるように発展させたサービスデザインを融合させたものである。

サービスデザイン思考は、以下のような4ステップでプロダクトやシステムを考案する。

17. 竹政　昭利, サービスデザイン思考のエンタープライズ・アジャイルにおける位置づけ,https://easg.smartcore.jp/C23/file_details/VnpNQU5RPT0=

サービスデザイン思考の４ステップ（実行委員の竹政氏の講演「サービスデザイン思考のエンタープライズアジャイルにおける位置づけ」(2015年) のスライドを引用）

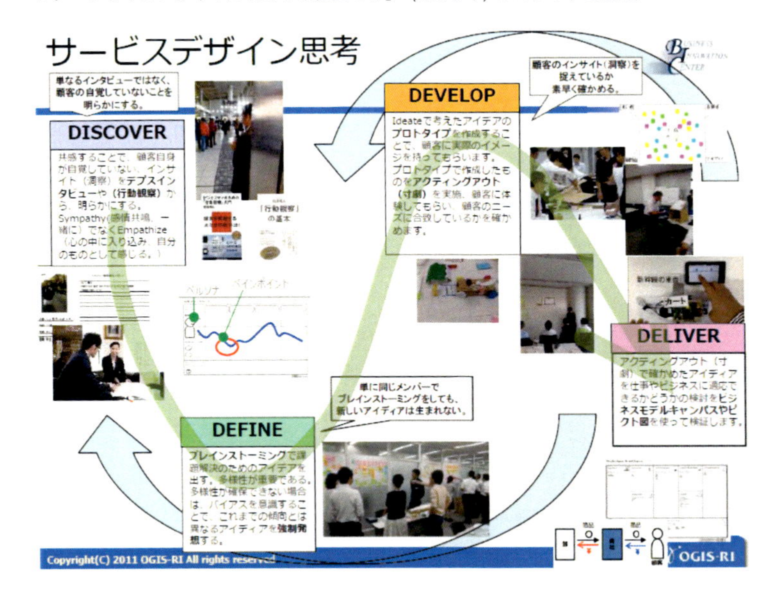

●探求 (Discover)：共感することで、顧客自身が自覚していないインサイト（洞察）を、デプスインタビューや行動観察等から明らかにする

●設計 (Define)：ブレインストーミングなどで課題解決のためのアイデアを出す

●再構成 (Develop)：設計で考えたプロトタイプを作成し、寸劇等でその有効性を確認する

●実施 (Delivery)：提供者側の視点で、検討してきたアイデアがビジネスとして成立するかを確認し、プロダクトを開発、運用する

サービスデザイン思考とアジャイル（実行委員の竹政氏の講演「サービスデザイン思考のエンタープライズアジャイルにおける位置づけ」(2015年) のスライドを引用）

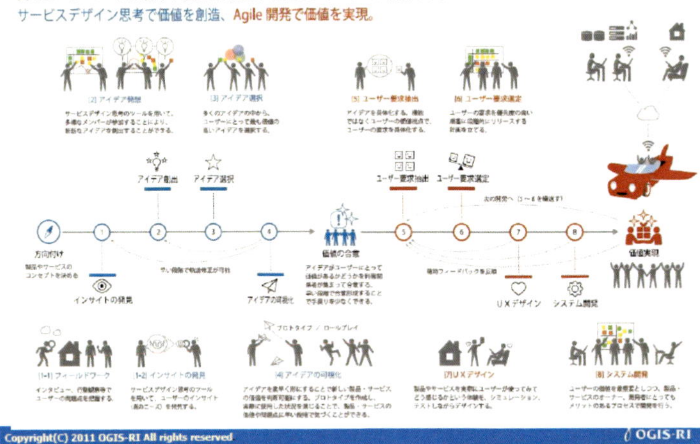

サービスデザイン思考で考案された価値は、あくまで仮説と捉えるべきである。その仮説を検証するためには、仮説に基づくソフトウェアを限定的に実装し、動くソフトウェアで仮説の妥当性を確認するためのリーン・スタートアップの「構築-測定-学習」のサイクルが重要である。書籍『Lean UX』[18]では、動くソフトウェアを用いた仮説検証を行いながらUXを検討するアプローチが提案されている。

3.3.2.2. プロダクトやシステムの構想を要求にどう落とし込むか？

回答：要求開発のスピードアップのため、大量の文書作成を求める重いプロセスから、モデルを活用する軽いプロセスに変える必要がある。

モデルを活用することで、スピードを落とすことなく、業務やシステム上の概念を共有し、議論することが可能になる。そのようなモデルを活用する軽いプロセスとしては、以下のふたつのスタイルがある。

- **ユーザーストーリーという簡易な要求を顧客、業務、技術の代表者の協同作業で系統的かつスピーディーに切りだす**
- **ユースケースモデルを中心にドメインモデルや業務モデル等を描く**

前者としては、DtoD (Discover to Deliver)[19,20]というフレームワークが提案されている。DtoDは、顧客、業務、技術の代表者が、モデルも含むユーザー、インターフェース、アクション、データ、制御、環境、品質特性の7つの側面でプロダクトのオプション[21]を調査、評価、確認する。そしてそれらのオプションの組み合わせから、系統的にユーザーストーリーを作りだすことを可能にする。

ユーザーストーリー（ユーザーの声形式）

18. ジェフ・ゴーセルフ, ジョシュ・セイデン,*Lean UX 第2版 ―アジャイルなチームによるプロダクト開発*, オライリージャパン, 2017
19. エレン・ゴッテスディーナー, メアリー・ゴーマン, 発見から納品へ：アジャイルなプロダクトの計画策定と分析, BookWay,2014
20. 藤井拓,*DtoD に基づくアジャイル要求入門*,http://www.ogis-ri.co.jp/pickup/agile/docs/IntroARWithDtoD.pdf
21. プロダクトに盛り込む可能性のあるユーザー、インターフェース等に対する選択肢を意味する

現実的なエンタープライズアジャイル（実行委員の山岸氏の講演「エンタープライズシステムの継続的リフォームにおけるアジャイル開発」(2015年) のスライドを引用）

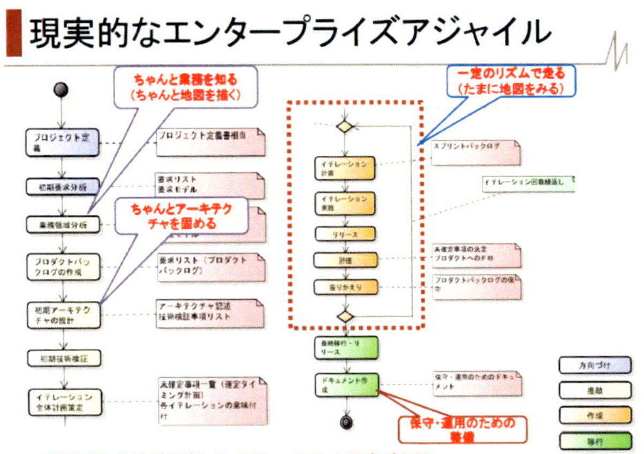

後者は、統一プロセス(UP)のようなUMLを活用した開発プロセスのモデリングを、より軽量化したものに相当すると考えられる。神崎氏は大規模システムをモデリングにより把握し、そのモデルを活用して要件定義を行うRDRA (Relationship driven requirement analysis)という手法[22]を提案している。
いずれの立場でも、基本的に以下のようなモデル（成果物）を大事だと考える点は共通している。

- 業務モデル
- 要求モデル
- ドメインモデル
- アーキテクチャーモデル
- テスト仕様やテストケース

22. 神崎　善司, 地図を片手にアジャイル開発～全体を俯瞰できるシステム地図を道標にタイムボックスで開発しよう,https://www.slideshare.net/zenjikanzaki/ss-72479551

エンタープライズアジャイルでのお薦めモデリング（実行委員の山岸氏の講演「エンタープライズシステムの継続的リフォームにおけるアジャイル開発」(2015年) のスライドを引用）

エンタープライズアジャイルでのお薦めモデリング

- スプリント以前
  - 要求モデル
  - 業務をとらえる3種のモデル
    - サービスモデル、概念モデル、業務フロー
  - アーキテクチャモデリング
    - 主要なパターン（設計クラス図とシーケンス図）とサンプルコーディング
  - ユースケース一覧
    - プロダクトバックログへの展開
- スプリント中
  - 詳細設計のモデルは省略する
    - 設計者と実装者が同じ
    - 詳細レベルはコードの方が表現できる
  - コミュニケーションのためのメモとしてモデルを多用する
    - 使い捨て前提
- リリース後、運用準備
  - ポリシーによる（紙の形式か情報として残ればいいか）
  - 主要クラスと主要動作のシーケンス図、特殊なアルゴリズム
  - ユーザーストーリーの集約
  - ビジネスルールの整理だけは怠りなく

MethodoLogic 38

アジャイル開発において、業務要求から設計の範囲でUMLを含む各種モデルの活用（アジャイルモデル駆動開発）を提案する書籍としては、『オブジェクト開発の神髄』[23]がある。

3.3.2.3. チームレベルを超えたアジャイルの実践方法にはどのようなものがあるか？

回答：海外で適用実績があり、かつ日本で解説書が刊行されたアジャイル開発フレームワークや手法としては、SAFe[24,25]とDAD (Disciplined Agile Delivery)[26]とLeSS[27]がある。

また、後述するように受託開発が主流の日本でのITシステム開発を前提とし、リリースまでの期間がある程度取れる場合には、反復開発も現実的な選択肢になる。

SAFeとDADについては、当勉強会実行委員の平鍋氏が当勉強会で紹介した（以降のSAFeの説明は平鍋氏の説明に藤井が加筆したものである）。

23.Scott W. Ambler, *オブジェクト開発の神髄～UML2.0を使ったアジャイルモデル駆動開発のすべて*, 日経 BP,2005

24.SAFe 4.0 日本語サイト:http://www.scaledagileframework.com/jp/

25.Richard Knaster, Dean Leffingwell,*SAFe 4.0のエッセンス―組織一丸となってリーン・アジャイルにプロダクト開発を行うためのフレームワーク*, エスアイビーアクセス, 2018

26.Scott Amber, Mark Lines, *ディシプリンド・アジャイル・デリバリー:エンタープライズ・アジャイル実践ガイド*, 翔泳社,2013

27.Craig Larman, Bas Vodde, *大規模スクラム Large-Scale Scrum(LeSS) アジャイルとスクラムを大規模に実装する方法*, 丸善出版, 2019

SAFe (Scaled Agile Framework)（Dean Leffingwell氏とSAI社の資料を引用）

SAFe (Scaled Agile Framework)とは

Scaled Agile Frameworkは、企業規模でリーンとアジャイルのプラクティスを適用するための実証され、公開されたフレークワーク

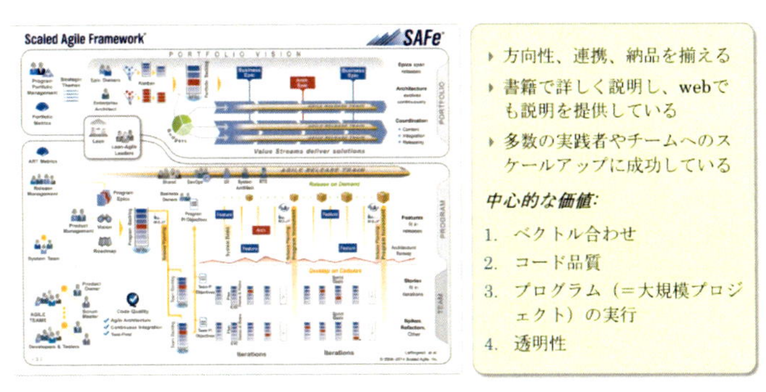

SAFe英語サイト： http://ScaledAgileFramework.com
SAFe日本語サイト： http://ScaledAgileFramework.com/jp

SAFeは、Dean Leffingwell氏らが考案したフレームワークであり、ポートフォリオ、価値のストリーム[28]、プログラム、チームの4つのレベルから構成される。これらの4レベルの中で基本となる3レベルの概要を以下に記す。

- **ポートフォリオレベル：**システム、プロダクト、サービスの企画の承認を行う
- **プログラムレベル：**承認された企画を、複数チームで構成されるアジャイルリリース列車と呼ばれる体制で、8-12週の期間でプログラムインクリメント（PI）と呼ぶ評価可能なシステムを作る形で開発を進める
- **チームレベル：**XPの技術プラクティスを取り入れたスクラムの形で、2週間毎に動くソフトウェアを開発する

ここでいうプログラムとは、複数チームによる開発体制のことを意味する。価値のストリームレベルは、自動車のようなシステム製品や大規模システムを開発するためのものである。価値のストリームレベルは、複数のアジャイルリリース列車、ハードウェア開発チーム、外部ベンダーなどで構成される体制で、PIの周期で評価可能なシステムを作る形で開発を進める。

また、SAFeのポートフォリオレベルとプログラムレベルは以下のような特徴を持っている。

- **ポートフォリオレベルではカンバンを取り入れて企画審査の過程をスピードアップする**
- **プログラムレベルは、比較的自然にスクラムをそのまま複数チームに拡大したものになっており、自己管理、PDCAによる改善等が組み込まれている**

28.「価値のストリーム」レベルは、SAFe 4.5以降では「大きなソリューション」レベルと名称が変更されている

DADの大きなライフサイクル視点（実行委員の平鍋氏の講演「アジャイル開発の現状と未来～エンタープライズアジャイルの可能性」(2014年) のスライドを引用）

DADにはフェーズがある

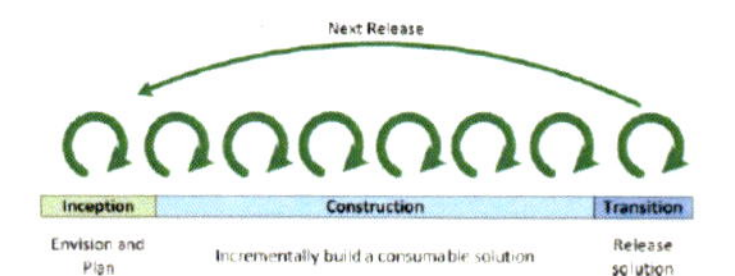

大きなライフサイクル視点。
４つの典型(ただし、テーラリング重要)

1.Scrum+RUP
2.Advanced Lean
3.Lean CD
4.Lean Startup

DADの方向付けフェーズでの考慮点の例（実行委員の平鍋氏の講演「アジャイル開発の現状と未来～エンタープライズアジャイルの可能性」(2014年) のスライドを引用）

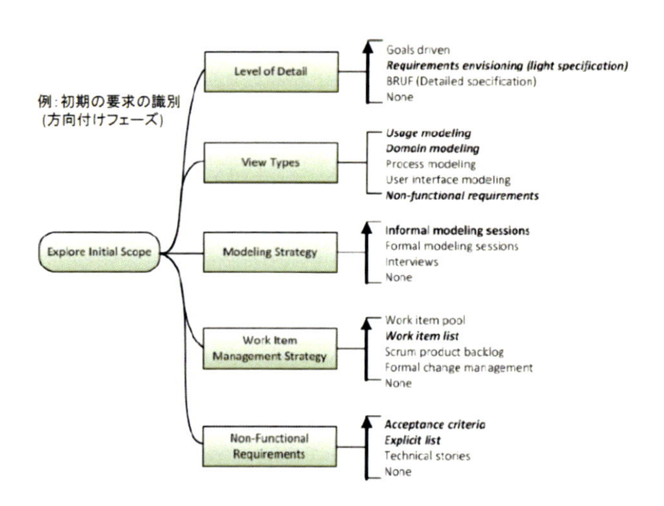

一方、DADはスクラムを基本としながら、その上に統一プロセス（UP）の流れを汲む大きなライフサイクルフェーズを持つことを特徴としている。また、それに留まらず、よりフローを重視するリーン型の開発ライフサイクルもサポートしている。

さらに、DADでは各フェーズで実行すべき作業と、その作業を構成し得るさまざまな選択肢が説明されており、用途に応じたテーラリングを行う材料が提供されている。

SAFeとDADには、以下のようにチームレベルのアジャイルを拡張するうえでの考え方に類似している部分もある。

SAFeとDADの共通点（実行委員の平鍋氏の講演「アジャイル開発の現状と未来〜エンタープライズアジャイルの可能性」(2014年)のスライドを引用）

SAFe と DAD 共通点

- アジャイル宣言を大切に
- これまでの手法のハイブリッド
- 「リーン」コンセプトが浸透
- リーダーシップの重要性
- RUPの要素によってモデレートに
- アーキテクチャの視点

スケーリング戦略（実行委員の川口氏の講演「部門アジャイル 〜 複数チームのコラボレーションをもっとよくするために」(2015年)のスライドを引用）

スケーリング戦略

フレームワーク　SAFe, DAD, LESS
Spotifyモデル

フロー　バリューストリームマップ
Kanban

イベント　Scrum of Scrums
MetaScrum

楽天 Rakuten　22　厳密な分類ではありませんが…

実行委員の川口氏は、スケーリング戦略においてSAFe、DAD以外のアジャイル開発やフローベースの開発の選択肢があることも紹介している。

反復開発（実行委員の依田氏の講演「エンタープライズ・アジャイル開発が果たすべき役割」(2014年) のスライドを引用）

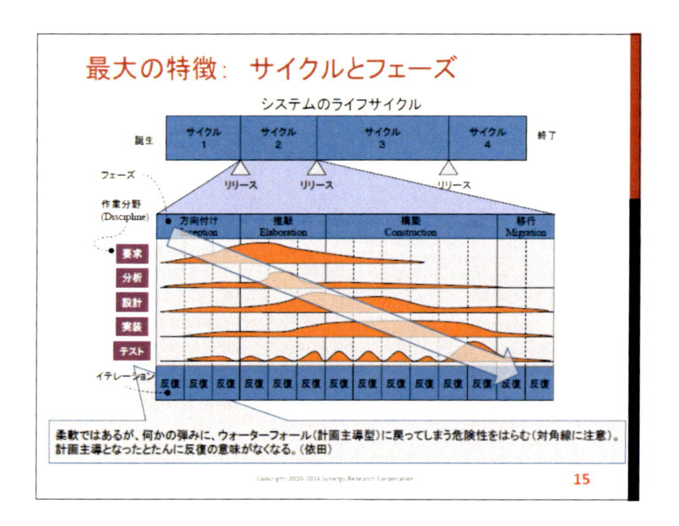

また以下の考え方から、やはり開発当初に目標（スコープ）、開発期間、開発費用をある程度確定する、統一プロセスのような反復開発のほうが現実的ではないかという意見もある。

- **チームレベルのアジャイルがきちんと実践できていない状況で規模を拡大するのは自ら失敗を招くようなものだ**
- **現在の受託開発が主流の日本の状況では、発注者側と開発委託先の各々の責任を明確にしたほうが筋の通った開発が可能になる**

つまり、要求を確定しづらい規模が大きい開発においてやみくもにアジャイル開発を適用すると、大きな失敗を招く危険性があるということである。

先に、継続的リフォームという考え方の提唱者として紹介した実行委員の山岸氏も、アジャイル開発を開発メンバー数という点で拡大することに対して、アジャイル開発本来の利点が失われるのではないかとの懸念を示している。

3.3.2.4. ガバナンスに対する既存の考え方を変えなければならないか？

回答：当初の仕様書通りのソフトウェアを、当初の計画通り作るというのがガバナンスに対する既存の考え方であれば、それを変える必要がある。

従来手法とアジャイル開発の違い（出典：書籍『アジャイルソフトウェア要求：チーム,プログラム,企業のためのリーンな要求プラクティス』,翔泳社,2014）

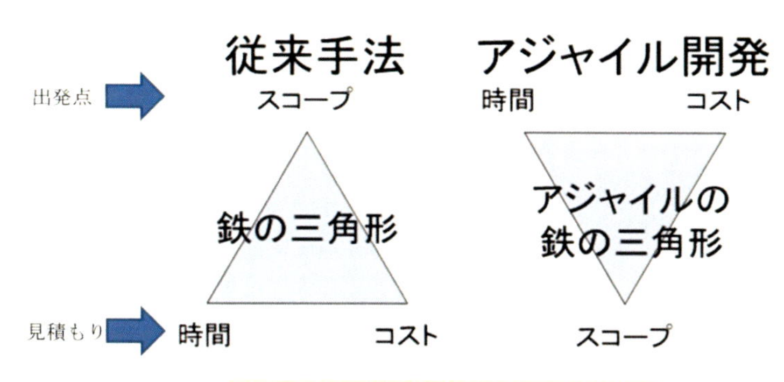

まず基本的に受け入れなくてはならないのは、「アジャイル開発では、期間、予算、品質を固定して、その中で実現されるソフトウェアのスコープ（機能）を変動させる」という考え方である。アジャイル開発に対してよく耳にする誤解として、「アジャイル開発では、ソフトウェアの開発に必要な期間や要員数がわからないので、予算の確保ができない」というものがある。これはまったくの逆で、「アジャイル開発では期間と予算が固定される」のである。「必要な期間や要員数がわからない」というのは「要求が確定しない」ことを指して言っていることかもしれないが、要求が確定されない状況としては以下のふたつの場合がありえる。

A）要求全体が不確定な場合：そもそもソフトウェアで解決すべき問題やその解決策について明確なアイデアがない、利害関係者の要望が全体的に整理されていない、などの要因に起因することが多い。このような状況では、どのような開発手法を用いようとも有用なソフトウェアを作れる可能性は低い。

B）要求の骨子は決まっているが、要求の詳細を文書化する時間が取れない。その要求が妥当であるかについて確信がない場合：このような場合には、アジャイル開発が有効になる。つまり、期間と予算が固定で動くソフトウェアを作成し、その動くソフトウェアで要求の妥当性を確認するのである。

B)のような場合において、アジャイル開発を適用する場合には、以下のような点に気をつけた方がよい。

- **反復やリリース単位で計画を策定し、それを実績と対比する。計画と実績の差が生じた理由を明確にする。**
- **反復やリリース単位で進捗を可視化し、それを開発チーム内外で共有する。また、開発のベロ**

シティー（生産性）等の定量化を行う。

- **反復やリリースにおける完了基準を予め定める。例えば、ユーザーストーリーの開発の完了をどう判断するかということや、リリースを行うための品質保証をどうするかということである。**

前述したように、リリースのタイミングでソフトウェアがある程度運用できるようになり、評価するためのまとまった機能ができる。それらの機能の実装完了とリリースの間の期間をなるべく短くするためには、反復単位で一定の品質レベルになるよう、開発したコードに対する単体テストや結合テストを、逐次実行するような完了基準の設定が有効である。

3.3.3. 普及／転換

3.3.3.1. 普及／転換はトップダウンで行うべきか？ボトムアップで行うべきか？

回答：全社的に既存のやり方を変える必要性を感じているのであればトップダウンでもうまくいく可能性はあるが、多くの場合は若手がアジャイル開発への取り組みに着手している状況である。したがって、中間管理職がそれらの取り組みにビジネス上の利点を感じて、組織の転換を推進するのがよい。

米国の事例でも、トップダウンで全社的にアジャイル開発を導入したのは、Salesforce社を含めて例外的なごく少数に留まると思われる。一般的には、トップがアジャイル開発を導入しようとしても、実践レベルのさまざまな障害に直面して潰える可能性が高いと考えられる。ただ、トップがアジャイル開発に対する理解を持つことで社内のさまざまな抵抗が減ることも事実であり、その点ではトップがアジャイル開発に対する理解を持つことは導入や転換を促進する要因になる。

それに対して、若手の開発者はいわゆる「3K」に陥りがちな従来開発の問題点を解決できる、より合理的で人間的な打開策としてのアジャイル開発の考え方に共感しやすい。ただ、多くの組織では若手の開発者だけで既存の契約形態やガバナンスを変えることは不可能に近い。また、開発を外部委託している場合は、委託先の会社の協力を得る必要があるのも難しい点になる。そのため若手の開発者だけでは、アジャイル開発が定常的な選択肢になかなかなりにくい。

また、業務部門や企画部門の発注者から自らの業務上のニーズや企画の妥当性を確認したい、システムやプロダクトをより早くリリースしたいという要望が出ることもあるだろう。ただ、現状では業務部門や企画部門の発注者が、アジャイル開発がそのような要望の解決策になりえることをあまり知らない。3.1節に記したようにアジャイル開発に対する理解が不十分なままで取り組んで期待した成果が得られないという危険性もある。

イノベーション普及曲線（実行委員の川口氏の講演「部門アジャイル ～ 複数チームのコラボレーションをもっとよくするために」(2015年) のスライドを引用）

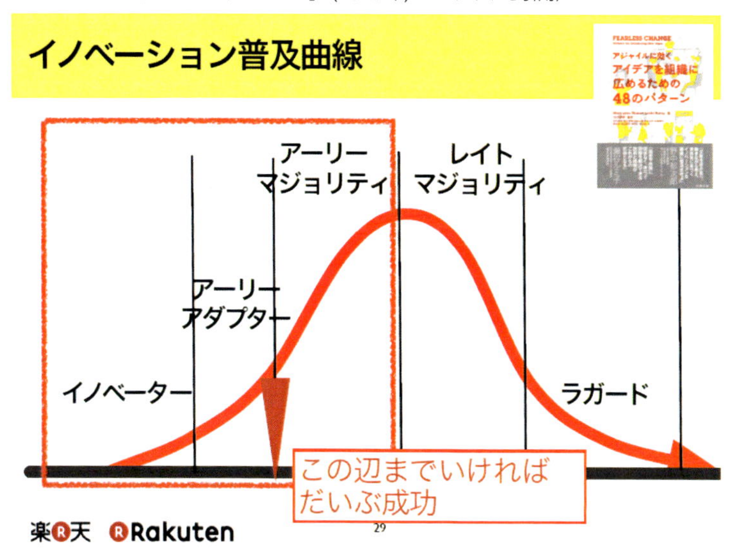

普及序盤の３タイプ（実行委員の川口氏の講演「部門アジャイル ～ 複数チームのコラボレーションをもっとよくするために」(2015年) のスライドを引用）

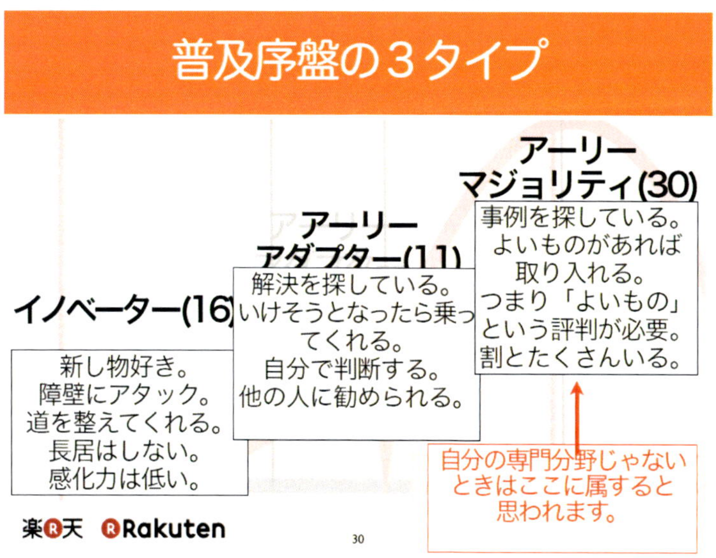

エバンジェリストと推進担当者（実行委員の川口氏の講演「部門アジャイル 〜 複数チームのコラボレーションをもっとよくするために」（2015年）のスライドを引用）

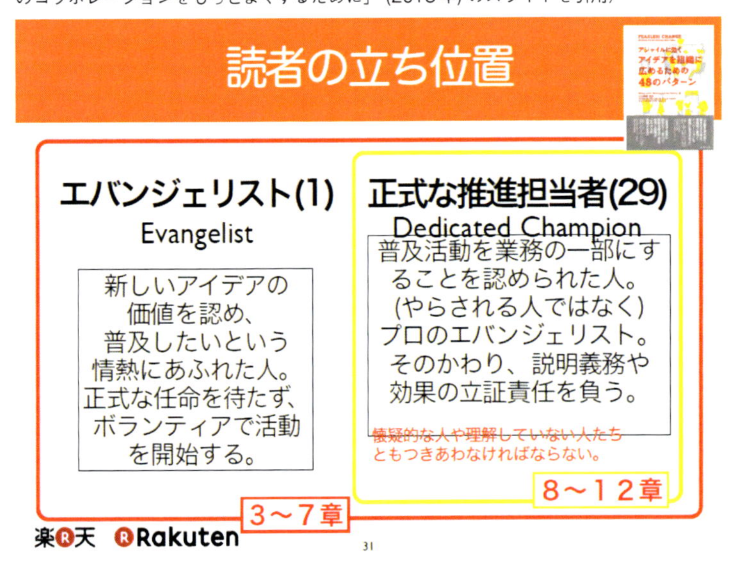

アジャイル開発の導入は、一般的に組織変革の問題につながることが多い。組織変革に関する問題の克服に行ううえでは以下のような文献が参考になる。

・ロードマップ型
　—変革を推進するための一般的なロードマップを提案する
　　・代表例：ジョン・P・ コッター、『企業変革力』、日経BP、2002
・パターンやプラクティス型
　—変革を推進するために有用なパターン群を提案する
　　・代表例：Marry Lynn Manns等、『Fearless Change アジャイルに効く アイデアを組織に広めるための48のパターン』、丸善出版、2014
　—変革を推進するために有用なメタファーやプラクティス群を提案する
　　・代表例：チップ・ハース等、『スイッチ! ——「変われない」を変える方法 』、早川書房、2016
・分析型
　—変化を阻害する要因を明らかにすることで変化を促す枠組みを提案する
　　・代表例：ロバート・キーガン等、『なぜ人と組織は変われないのか——ハーバード流 自己変革の理論と実践』、英治出版、2013

実行委員の川口氏は、アジャイル／反復開発の推進役が新たな開発の方法を組織に広める際に、参考になるパターンが記されている書籍として『Fearless Change アジャイルに効く アイデアを組織に広めるための48のパターン』[29]を紹介した。

29.Marry Lynn Manns, Linda Rising,*Fearless Change* アジャイルに効く アイデアを組織に広めるための 48 のパターン、丸善出版、2014

また、Agile Conferenceのような海外のカンファレンスでは、組織文化の違いに応じて組織を変える方法を変えたほうがよい、というようなことも報告されている[30]。
理想的には、業務部門や企画部門のニーズに対応するために、開発（IT）部門の管理職が自部門でアジャイル開発や反復開発の推進役とコーチ役を指名し、両者に教育や具体的なプロジェクトの立ち上げ支援を任せる形がよいだろう。推進役とコーチ役の役割は以下のとおりである。

- **推進役（チーム）：関与する複数の組織を通じてアジャイル開発や反復開発の活用を推進する**
- **コーチ役：アジャイル開発や反復開発の実践を支援する**

コーチ役は、個々のプロジェクトのプロダクトオーナー（PO）やスクラムマスター（SM）を支援するとともに、開発メンバーへのトレーニングも実施する。但し、アジャイル開発のコーチの確保が困難だという現状を考えると、推進役がある程度実践レベルで望ましい姿を理解し、問題がある場合は開発チームのスクラムマスターと連携してその問題の解決を支援できることが望ましいかもしれない。また、そのような役割を個人ではなく、チームで担うことも考えるべきである。
アジャイル開発の導入でよく見られるのは「アジャイル開発は簡単だから、POとSMだけを教育し、開発メンバーは実践の中で教育すればよい」という誤解である。これは大きな間違いで、このような誤解に基づいてアジャイル開発を始めると、自らのなすべきことやアジャイル開発の基本的な考え方を理解できていない開発メンバーのために、プロジェクトが大きく混乱する可能性がある。これを防ぐためには、POとSMだけではなく、開発メンバー全員に、スクラムや開発で使用する技術プラクティスのトレーニングを実施したほうがよい。
実際のステップとしては、以下のようなものが想定できる。

1. **自らの業務上のニーズや企画により即した開発を望む業務部門や企画部門が、その実現を開発（IT）部門と相談した結果、アジャイル開発または反復開発を選択する**
2. **開発（IT）部門でアジャイル開発／反復開発の推進役を決め、開発を実践するメンバーとともにアジャイル開発／反復開発が実践できるレベルで理解する**
3. **アジャイル開発／反復開発の推進役は、自分の上司を含む業務部門や企画部門、開発（IT）部門にアジャイル開発／反復の概要を説明する**
4. **アジャイル開発／反復開発の推進役によるガイドの下で、業務部門や企画部門が要求を出し、開発（IT）部門がアジャイル開発／反復開発を実行する（あるいは開発委託する）**

これらを実行する際に、以下の3点が重要になる。

- **業務部門や企画部門と開発部門がどれくらい円滑に連携できるか**
- **先に述べた既存のガバナンスに対する考え方に囚われずに開発できるか**

30.Matthew Hodgson,*Helping Change Organization Culture*:http://prezi.com/gimawcukycsx/agile-adoption-helping-to-change-organisational-culture/

・開発メンバーが素直に新たな開発の進め方を受け入れて実践するか

さらに、開発委託によりアジャイル開発／反復開発を実行する場合は、以下のようなことを考えた方がよい。

- **大きなスコープに基づく長期の請負契約を避けて、なるべく3カ月程度の、より短期の準委任契約を適用する**
- **3カ月程度のより短期のリリースを単位に準委任契約を締結し、契約時点での見通しと実績を対比して開発のパフォーマンスを評価し、必要に応じて開発の方向性等の軌道修正を行う**

3.3.4. 日本固有の問題とその他の課題（失敗パターン）

3.3.4.1. ユーザー企業とSI会社に分かれた産業構造で、チームレベルを超えたアジャイルは実践可能か？

回答：発注者側が、請負契約しか許されないような制限を外して、その代わり準委任契約とアジャイル流のガバナンスを組み合わせ、チームレベルを超えたアジャイル開発の実績を持つSI会社とパートナーを組む。このことで、チームレベルを超えたアジャイル開発を実践できる。

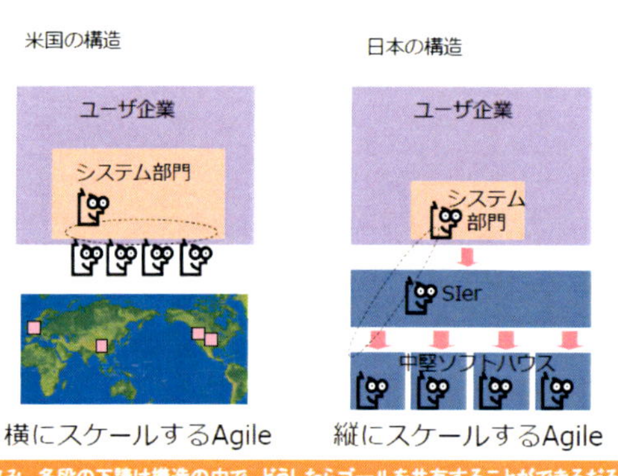

アジャイルのスケール方向（実行委員の平鍋氏の講演「アジャイル開発の現状と未来～エンタープライズアジャイルエンタープライズアジャイルの可能性」(2014年) のスライドを引用）

周知の事実だとは思うが、日本企業のソフトウェア開発は一般的に以下のように複数の会社が関与して行う場合が多い（開発委託）。

・ユーザー企業：業務部門→IT部門（あるいはIT系子会社）→SI会社
・製造メーカー：企画部門→開発部門（あるいは開発系子会社）→SI会社

それに対して、日本でもWebサービサーにおいては以下のような形で内製開発することが多い。

・Webサービサー：企画部門→開発部門

このような日本でのソフトウェア開発の事情に対して、欧米では日本のWebサービサーのように内製開発の割合が高いといわれている。逆に、開発委託の割合が高いのが日本のソフトウェア産業構造の特徴である。なお、海外でもSystematic社というデンマークのCMMレベル5を取得したSI会社が、アジャイル開発への取り組みをAgile Conferenceで報告しているような例もある[31]。海外でも日本と似たように開発委託でアジャイル開発が実践されている場合があるのだ。

このような日本のソフトウェア産業構造において、アジャイル開発を活用する形態としては以下のふたつが考えられる。

A）開発を委託する形でアジャイル開発を活用する
B）内製化を進めることでアジャイル開発を活用する

日本の企業でアジャイル開発が活用される状況では、これらの2つの形態が併存、または混在している可能性も高いと考えられる。例えば、SI会社に開発を委託しながら、その開発の一部を内製で開発することにより内製化ができるメンバーを育成する、というような事例が当勉強会のセミナーでもいくつか紹介された[32]。現時点では、どちらかといえばA）の形態が多いと思うので、以降ではA）を中心に論じる。

A）を実践する上で考慮すべき点としては以下のようなものがある。

- **開発委託契約をどうするか？**
- **委託先をどう探すか？**
- **開発に関与する人達の間にどのような関係があるべきか？**

2.6.1.1. 開発委託契約をどうするか？

開発委託を行う場合、発注者と開発委託先の間で委託契約に基づいてソフトウェアが開発される。このような委託契約の形としては以下のふたつの形態がよく用いられる。

・請負契約
・準委任契約

請負契約では、開発内容を契約で規定し、開発委託者が開発内容を完成させる義務を負う。請負契約は、発注者と開発委託者の双方の以下のような思惑を満たす。

31.Carsten Ruseng Jakobsen, Mary Poppendieck,*Scaling Agile to the Enterprise with Lean*, Agile 2011

32. 岡大勝, キャプラン様事例に学ぶエンタープライズアジャイル内製プロジェクトを立ち上げる前に考慮すべき3つのこと, https://easg.smartcore.jp/C23/file_details/VVRWU1I3PT0=

・発注者側：対価に見合ったものが作られたという確証が欲しい
・開発委託者側：開発途上でのスコープの拡大を防ぎたい

その一方で、契約で規定された開発内容に妥当性がない場合には、契約で規定されたソフトウェアが、開発費用に見合うだけのユーザー価値をもたらさない危険性もある。

準委任契約では、発注者が一定の期間にわたり、ソフトウェアを開発する作業を開発委託先に委託する形のものである。

・発注者側：開発初期に開発内容を確定する必要がない（柔軟性がある）
・開発委託者側：決まった予算で特定の機能を完成させる義務がない

準委任契約では、特定の予算で必要な機能を完成できないかもしれないというリスクを発注者側が負う必要がある。言い換えれば、下手すれば当初計画した予算をすべて費やしても、使えるソフトウェアが手に入らないリスクがある。また、開発委託先を入札で決めることが難しいという点で、開発コストの妥当性や説明が難しいこともデメリットになる。

このような議論は散々繰り返されているが、現時点では発注者との連携で開発内容を柔軟に変更するというアジャイル開発の長所が、請負契約では損なわれてしまうという意見は多い。そのため開発内容を柔軟に変更できる点を考えると、準委任契約のほうがアジャイル開発における開発委託契約の形としては適合性が高いと考えられる。

準委任契約を適用する場合、以下のような一般的な誤解に惑わされないように注意すべきである。

・アジャイル開発では計画を策定しない
・アジャイル開発では最終的に何ができるかわからない

まず、アジャイル開発でも通常は2～3カ月ごとにリリースを行うことを目指し、そこで何が実現できるかを大きなレベルで考えて開発を進めるのが基本となる。リリースに関連する重要なポイントは、以下の3点である。

・リリース計画を策定する際に、期間を前提にしてそのリソースでどんな機能が開発できるかを、開発メンバーと逆算する
・リリース毎に開発された機能は少なくとも内部リリースし、リリース内容の妥当性（ユーザー価値）を必ず評価する
・リリース毎に開発された機能の規模が、開発労力に見合ったものであるかを評価する

これを簡潔に言うと、開発メンバーが2～3カ月間作業するための予算でリリース可能な開発内容を計画し、実績を評価するということである。準委任契約を締結する際には、まずこのようにリリース計画を策定する。そしてひとつのリリース単位で契約し、1回毎のリリースの妥当性を評価することが望ましい。

3.6.1.2. 委託先をどう探すか？

現時点でこれだという妙案はないが、以下のようなSI会社（あるいはSI会社の部門）を探すのがよいのではないか。

A）自社にプロダクトオーナーの補佐役、スクラムマスターが在籍し、それらのプロダクトオーナーの補佐役、スクラムマスターが中心になってアジャイル開発または反復開発の実践経験がある
B）開発メンバーの半数以上がアジャイル開発または反復開発の経験を持つ
C）開発メンバーのうち、少なくとも中心的なメンバー構成がある程度安定している
D）プロダクトオーナーの補佐役を含め、開発メンバーにある程度のモデリングスキルがある

現時点でB）を満たすのは厳しいかもしれないが、少なくとも開発委託先のSI会社では、開発メンバーの大半がアジャイル開発または反復開発に前向きなメンバーで体制を組む必要があるではないかと思われる。

C）は、開発委託元と開発委託先の間でゴールを共有できるような長期的なパートナーシップを結んだり、発注者側の社員が開発に参加したりすることで実現できると考えられる。

D）は、複数のチームに基づく体制や、複数の業務やサービスを連携させるようなシステムを開発する際に重要になると思われる。

3.6.1.3. 開発に関与する人達の間にどのような関係があるべきか？

業務部門、開発（IT）部門、開発チームの間に「上下関係がなく、お互いに敬意を払い、約束を守り、ゴールを共有する」という関係を築けることが望ましい。例えば、以下のようなことを行わないということである。

- プロダクトバックログのバックログ項目を作成するために十分な時間を割いてくれない
- プロダクトバックログのバックログ項目に対する質疑にすばやく対応してくれない、優先順位付けをしてくれない
- 反復の途中でコロコロ目標を変える、開発メンバーが確約していない反復目標の達成を強制する
- 反復の最後で作成したプロダクトのレビューや受け入れをしてくれない
- 反復目標が達成できなかった場合に、その原因として考えられることや改善の可能性を説明しない
- 複数回の反復を経ても反復目標の達成度が低迷している

3.6.1.4. その他の課題や失敗パターンにはどのようなものがあるか？

本章の最初で「うちでもアジャイル開発やってみました」というアンチパターンを紹介した。そのアンチパターンと少し重複はあるかもしれないが、実行委員の山岸氏、依田氏の講演においてもアジャイル開発の失敗パターンや課題について言及している。

実行委員の山岸氏の講演「エンタープライズシステムの継続的リフォームにおけるアジャイル開発」(2015年) のスライドを引用

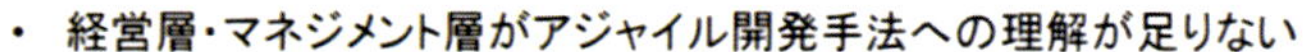

実行委員の依田氏の講演「エンタープライズ・アジャイル開発が果たすべき役割」(2014年) のスライドを引用

■ アジャイル開発？失敗のパターン

- 準備不足
  - 準備が必要ないというイメージが悪影響
  - たとえば、本来あるべきAS-ISの情報収集がおろそかになる
  - 「AS-ISの情報収集なんてウォータフォールみたいだ」
  - 「アジャイルで回すうちにいい案が出てくる」
- プロトタイプの同床異夢
  - 要件を確認するためのプロトタイプなのか
  - 技術検証のためのプロトタイプなのか
  - どちらも同時に狙うのか
  - ユーザー、ベンダー、担当者、それぞれが都合のよい解釈をして、前提が不明瞭になる
  - たとえば、「この先、アーキテクチャー設計の時間はとるのか、とらないのか」がわからない
- 実はみんな大ロット体質だった・・・
  - ユーザー、ベンダーともに、短い時間間隔で反復的に、調査し、検討し、決定し、決定に対して責任を持つ体質にない
  - （みんなトヨタの工場で働けるのかな？）

Copyright 2010-2014 Synergy Research Corporation　7

本書をここまで読まれた読者の皆さんは、本書を通じてこれらの課題や失敗パターンの解決策の多くを見つけることができるのではないかと思うので、ここでは解決策を列挙しない。演習課題として読者の皆さんに自ら考えて下さったり、本書の5章で説明しているオープン・スペース・テクノロジー (OST) を活用したり、本勉強会のイベントに参加して他のアジャイル開発活用の推進役と議論するなどの方法を通じて解決策を見つけて頂けたら幸いである。

4.エンタープライズアジャイルの実例

4.1.事例の概要紹介の方針

第4章では、2015年7月から2018年12月までに開催された、エンタープライズアジャイル勉強会のセミナーで紹介された12件の事例の概要を紹介する。12件中9件の事例については、エンタープライズアジャイル勉強会のwebサイトまたはSlideshare、SpeakerDeckで講演スライドが公開されている。講演スライドの公開、非公開の区別は各事例紹介の概要記述の先頭に記している。

講演スライドが公開されている事例については、以降の概要記述もかなり簡略なものにしている。これら講演スライドが公開されている9件の事例については、実際に講演スライドを見ていただきたい。また、講演スライドが公開されていない3件の事例については、概要を少しだけ詳しく記述している。

各事例の開発対象は、本書第3章の動機や戦略の観点と整合するものが多い。各事例の実践上の工夫も、本書で解説している内容を補完するものが多く、実践上の参考になる内容となっている。

4.2.事例紹介

4.2.1.東京海上日動システムズ株式会社の事例（2015年7月15日）

講演タイトル：金融系基幹業務におけるエンタープライズアジャイル導入事例
講演者：東京海上日動システムズ（株）押井英喜氏、花宜典氏
講演資料の勉強会webへの掲載：なし

4.2.1.1.事例の概要

生命保険の申し込み手続きをモバイルデバイスにより電子化するという、戦略的なシステムをベンダーに委託してアジャイル開発を行った。1.5カ月単位で反復を設定し、その単位で契約を行った。技術的には、単体テストの自動化、継続的なインテグレーション、画面テストの自動化により品質を確保した。

4.2.1.2.事例の特徴

フロントエンドのモバイルデバイスから、バックエンドのメインフレームまでの連携を開発。開発が始まる前に事前準備期間を設けた。開発にあたっては、反復期間1.5カ月の中で2週間のスプリントを設定して開発した。

プロダクトオーナーは協力的で、毎週レビューに参加した。スクラムマスターは、発注者とベンダーに各々1名を設定した。また、開発チームは大部屋で1カ所に集まって開発できた。

押井英喜氏、花宜典氏の講演「金融系基幹業務におけるエンタープライズアジャイル導入事例」(2015年) のスライドを引用

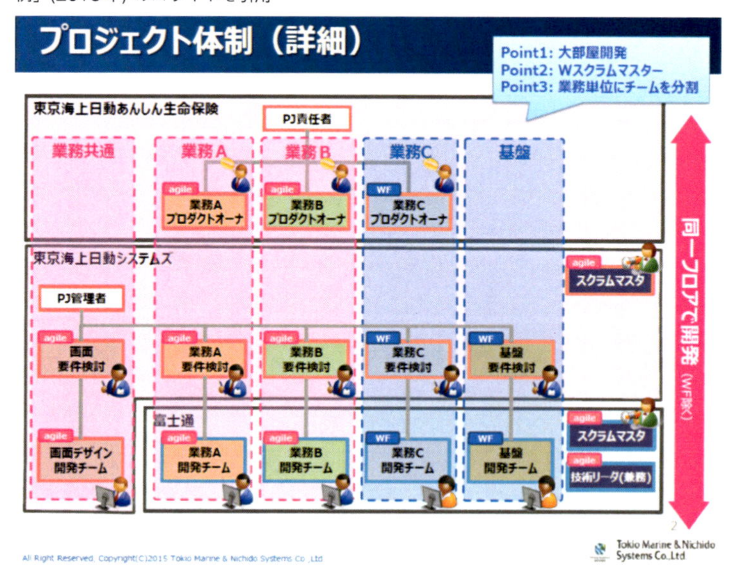

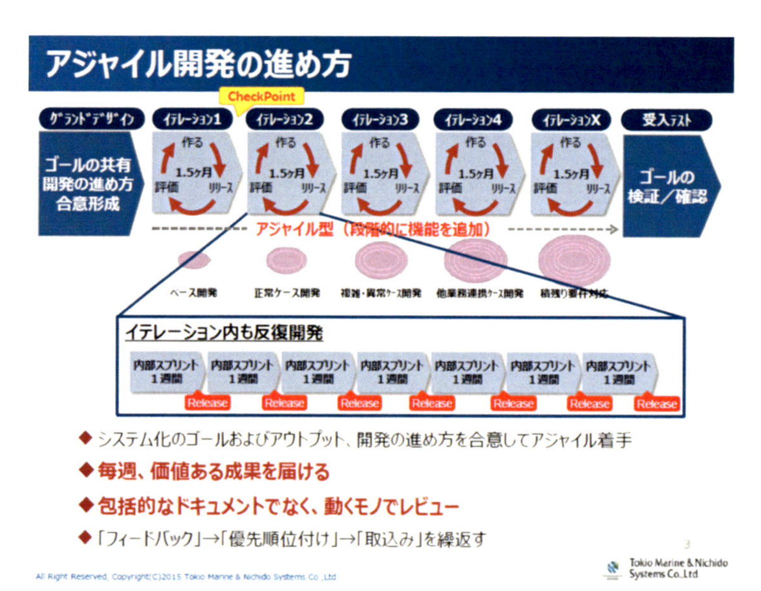

押井英喜氏、花宜典氏の講演金融系基幹業務におけるエンタープライズアジャイル導入事例」(2015年) のスライドを引用

単体テストの自動化や継続的インテグレーションのみならず、Seleniumというテストツールにより画面テストを自動化した。システムの提供開始から当初想定を上回るペースで利用件数が上がったこと等から、開発したシステムの有効性が確認されている。

今後の課題として、プロジェクト用の部屋の確保、発注側やオーナー部門の時間確保、後任への設計思想・背景の継承が挙げられた。

4.2.1.3. 第1、3章の内容との対応

・戦略的でビジネスを差別化する領域にアジャイル開発を用いている
・戦術的には、反復という単位でマイルストーンを設けている点が特徴的な、ハイブリッドアジャイル開発の形を採用している
・従来手法を前提とした全期間の概算見積もりで全体的な予算枠を決めて、反復期間毎にベンダーへの開発委託を行った

4.2.2. KDDI株式会社の事例（2015年8月26日）

講演タイトル：大企業でアジャイルを実現するために　～KDDIのアジャイル導入事例
講演者：KDDIプラットフォーム開発本部　クラウドサービス開発部　川上誠司氏
講演資料の勉強会webへの掲載：なし

4.2.2.1. 事例の概要

2013年からKDDI Business IDというクラウド認証サービスの開発にアジャイル開発を適用した。リーン&アジャイル開発手法により、企画・開発・運用・外部ベンダーが一体となったサービス開発で「良いサービス」の開発を目指した。ベンダーと一緒に開発することによる技術移転で内製化率の向上を狙うとともに、リリースサイクルの短縮を目指した。

川上誠司氏の講演「大企業でアジャイルを実現するために　～KDDIのアジャイル導入事例」(2015年) のスライドを引用

今日のテーマ

アジャイル開発を“上手く回す”為に、
KDDI（発注者）が
“変わらねばいけないこと”は何だったのか？
そして、
パートナー（受注者）に何を“求めている“のか？

KDDI　5　Copyright © 2015 KDDI Corporation All Rights Reserved

プロジェクトルーム

KDDI 35

4.2.2.2. 事例の特徴

10部署にも及ぶ関係する部署に、アジャイル開発を説明した。上司はGoogle出身でアジャイルに関して理解があり、むしろ「毎週でもDeployできるようにしておけ」と求められた。

内製化比率を高めることを目標とし、マルチベンダーに対しては準委任契約を行った。またベンダーのメンバーと社員がペアプロを行う形で技術移転を行った。

企画部門には要求をモデルで表現することを求め、これらのモデルがマルチベンダーの背景知識を揃えるのに有効だった。インセプションデッキによりビジョンを共有した。

4.2.2.3. 第1、3章の内容との対応

- 競争が激しく、変化が速いクラウドビジネスの分野にアジャイル開発を用いている
- 企画部門(PO)もアジャイル開発に対して肯定的であり、要求のモデリングなどに取り組んでいる
- 内製化比率を高めることを目標とした。そのためマルチベンダーに対して準委任契約をし、ベンダーのメンバーと社員がペアプロを行う形で技術移転を行った

4.2.3. 楽天株式会社の事例（2016年2月17日）

講演タイトル：楽天の品質改善を加速する継続的システムテストパターン

講演者：楽天株式会社　グループコアサービス部 サービスサポート課 デブロップメントサポートグループ　荻野恒太郎氏

講演資料の勉強会webへの掲載：あり[1]

1. 荻野恒太郎, 楽天の品質改善を加速する継続的システムテストパターン, https://easg.smartcore.jp/C23/file_details/QkdBRU9nPT0=

4.2.3.1. 事例の概要

楽天において、継続的なクラウドサービスの発展にシステムテストを追随させること（永続性）、システムテストにより本体コードの生産性の向上に貢献すること（生産性）、テストの品質を向上すること（信頼性）という3つの課題に対して、適用している以下の3つの解決策とそれらの解決策の実装を解説した。

・継続的テスト

・自動テスト

・アジャイルテスター

荻野恒太郎氏の講演「楽天の品質改善を加速する継続的システムテストパターン」(2016年)
のスライドを引用

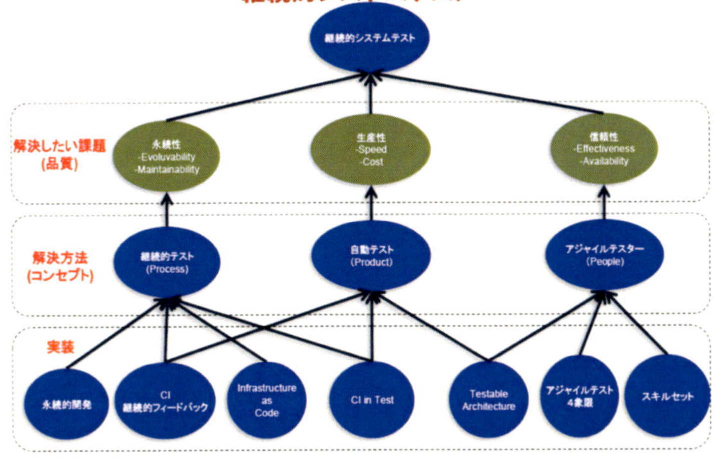

自動テストが生産性を向上する例

バグを作ってからすぐに修正可能なので
バグの修正日数が早くなる

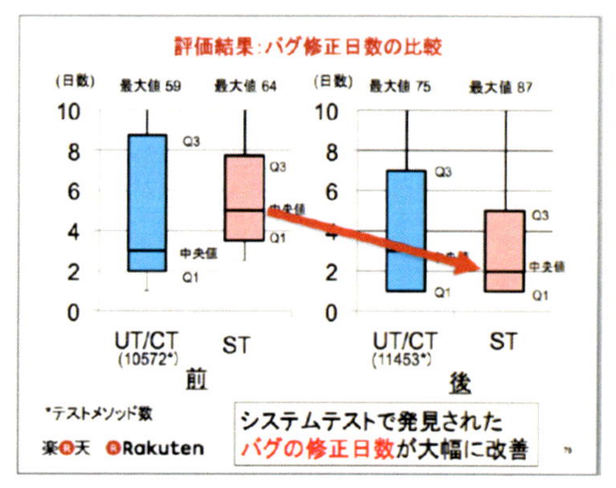

楽天 Rakuten "システムテスト自動化による大規模検索プラットフォームの開発工程改善", JaSST'Tokyo 2014 55

4.2.3.2. 第1、3章の内容との対応

- 事業のコアビジネスであるクラウドサービスが対象ということで、戦略的で大規模なシステムが対象である
- 第2章ではシステムテストについて言及していないが、この発表の知見は、クラウドサービスを提供する際の継続的なシステムテストの実現方法として非常に参考になるものだと考えられる

4.2.4. 株式会社リクルートライフスタイルの事例（2016年3月18日）

講演タイトル：小さく始める大規模スクラム

講演者：株式会社リクルートライフスタイル 塚越啓介氏、今井恵子氏

講演資料の勉強会webへの掲載：勉強会webではなく、SlideShare[2]に掲載されている

4.2.4.1. 事例の概要

海外版Air REGIを開発するために、大規模スクラムを実践し、そこで実践された工夫や発見をスクラムマスターとプロダクトオーナー(PO)の立場で紹介した。

スクラムマスターの立場の工夫としては、以下の4点を中心に紹介した。

- 大規模チームの立ち上げ方
- メンバーの自立を促すための工夫
- プロジェクト外の人達との関係で気をつけたこと
- POの負荷削減のための工夫

POの立場での発見や工夫としては、以下の4点を中心に紹介した。

- POの負荷の削減についてどのように考え、実践したのか

2. 塚越啓介, 今井恵子, 小さく始める大規模スクラム, https://www.slideshare.net/keisuketsukagoshi/ss-59705472

・メンバー間での学びを支援する工夫
・ユーザーの気持ちや業務の理解を促進する工夫
・無駄を減らすための工夫

塚越啓介氏と今井恵子氏の講演「小さく始める大規模スクラム」(2016年) のスライドを引用

#003 大規模スクラムはじめました

導入時の課題になりやすいこと

1 どんな手順で導入すれば良いの？

2 どんなチーム構成にすれば良いの？

3 周囲の理解を得るには？

#005 チームと歩んだ半年

チームの歩み

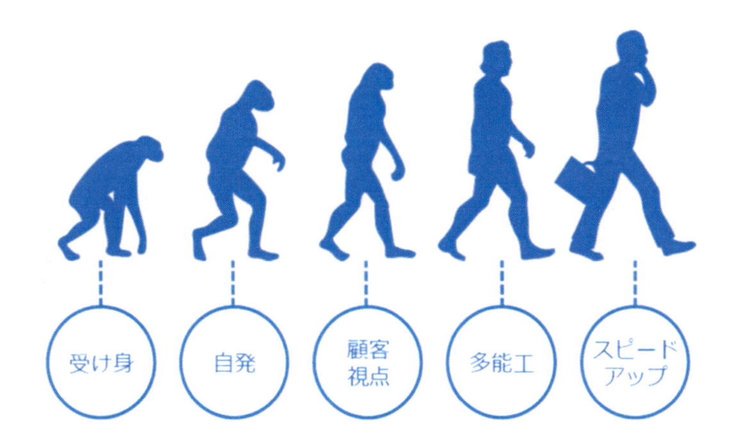

4.2.4.2. 第1、3章の内容との対応

・大規模チームの立ち上げ方について、本書第2章の「戦術」、「普及/転換」の節では言及されていない実践的な工夫として有効なものが記されている
・POの負荷の削減は大規模チームでは共通の課題であり、その課題を解決するアプローチとして非常に参考となる

4.2.5. ウルシステムズ株式会社（製造メーカー）の事例（2016年4月15日）

講演タイトル：エンタープライズアジャイルで成功するために必要なもの

講演者：ウルシステムズ株式会社　河野正幸氏

講演資料の勉強会webへの掲載：あり[3]

4.2.5.1. 事例の概要

2003年から2006年と2006年以降に講演者が支援した製造業において、SCM領域でのふたつの事例を通じた経験より、エンタープライズアジャイルで成功するために必要なものとして以下の9点を挙げて説明した。

1）アジャイル開発を適用する理由が明確なこと

2）システムライフサイクルモデルを見直す

3）ウォーターフォールよりも高度なマネージメントが必要なこと

4）成功に最も必要なものは千里眼

5）期限を切って意思決定をする

6）計画にバッファーを持たせる

7）当たり前のことをちゃんとやる

8）おかしいと思ったらすぐ止まる

9）システム開発は難しい、だったら簡単にすればよい

河野正幸氏の講演「エンタープライズアジャイルで成功するために必要なもの」(2016年)
のスライドを引用

私のアジャイル経験(1)

UL Systems,Inc.

- A社(2003年～2006年)
  - 製造業、SCM領域(生産・調達・販売)
  - 業務改革&M/Fシステム(20年以上稼働)の再構築
  - アジャイル開発採用の動機
    - 基本構想が実現できるかどうか「やってみないとわからない」リスクが大きかった
    - 要求に不確定要素が大きかった
    - 経営陣から早く新システムを稼働させて効果を上げることを求められていた
  - 結果
    - ほぼ並行して別々の事業カンパニーを対象とした2プロジェクトを実行したが、両プロジェクトともに満足できる成果を上げることができた(私のアジャイル[反復型開発]経験でも最も成功した例だといえる)

Powered by ULBOK

3. 河野正幸, エンタープライズアジャイルで成功するために必要なもの,https://easg.smartcore.jp/C23/file_details/VXpZSlBnPT0=

私のアジャイル経験(2)

UL Systems,Inc.

- B社(2006年～2016年)
  - 製造業、SCM領域(生産・調達・販売)、原価計算等
  - 業務改革&M/Fシステム(30年以上稼働)の再構築
  - アジャイル開発採用の動機
    - ビジネス環境の激しい変化に既存システムでの対応のスピードが間に合わない
    - 既存システムが巨大過ぎて一括再構築は無理。ビジネスの優先度の高いところから部分的に刷新せざるを得ない
    - 拠点単位に分散しているシステムをグローバルで一元化したい。ただし最初から綺麗な構造を考えることは不可能なので、継続的に改善・進化させていく形を取りたい
  - 結果
    - 現在までに10程度のプロジェクトをアジャイルで実行
    - 失敗・苦労を重ねつつ少しずつ前進している最中

Powered by ULBOK

4.2.5.2. 第1、3章の内容との対応

・アジャイル開発を適用したシステムは、製造業でのSCM領域という戦略的なシステムである

・製造業でのSCM領域については、IT部門が業務知識を持っているために、IT部門主導でアジャイル開発の適用が可能だった

・「ウォーターフォールよりも高度なマネージメント」や「千里眼」が求められるというのは、基幹系で複数の既存システムが絡むというエンタープライズシステムの文脈ゆえのものであるとも考えられる

4.2.6. ニッセイ情報テクノロジー株式会社の事例（2016年5月20日）

講演タイトル：金融系IT企業におけるスクラムへの挑戦

講演者：ニッセイ情報テクノロジー株式会社団保・共済ソリューション事業部　共済保険ソリューションブロック　中野安美氏、嶋瀬裕子氏

講演資料の勉強会webへの掲載：あり[4]

4.2.6.1. 事例の概要

新たな顧客拡大や事業創出を目指して、外販用の福利厚生システムの開発にスクラムを適用した。スクラムが初めてというメンバーも多かったので、まずは教科書通りにスクラムを実践。そして実践結果を振り返ることで、デイリーミーティング等の改善を行った。直面した課題としては、進捗管理と品質管理を挙げた。後者の課題解決ため、テストの自動化やソースコードレビュー等によるプログラムコードの品質保証と、スプリントレビューによる要件の充足性の確認を行った。スクラムのプロダクト開発面での適用効果として、コストと機能のバランスを取って、価値ある製品がリ

4. 中野安美, 嶋瀬裕子, 金融系ＩＴ企業におけるスクラムへの挑戦,https://easg.smartcore.jp/C23/file_details/VWpjSVBBPT0=

リースできたなどの効果を挙げている。

中野安美氏と嶋瀬裕子氏の講演「金融系IT企業におけるスクラムへの挑戦」(2016年) のスライドを引用

プロジェクト立ち上げ時の取り組み

導入の効果

プロダクト開発面の効果

- コストと機能のバランスを見て、価値ある製品をリリース
- 早期のフィードバックによる製品の改善
- テストツールの充実

他の開発にも
活用できる

© 2016 Nissay Information Technology Co., Ltd
56

4.2.6.2. 第1、3章の内容との対応

・アジャイル開発を適用したのは、新たな顧客拡大や事業創出を目指した外販用の福利厚生システムという戦略的なシステムであった

・進捗管理と品質管理が課題になった。前者をスクラム等の可視化の仕組みを活用することで解決し、後者をテストの自動化やソースコードレビュー等によるプログラムコードの品質保証と、スプリントレビューによる要件の充足性の確認で解決した。このように、アジャイルのガバナンスの考え方にテストの自動化やソースコードレビューを加えた形は、品質保証を比較的厳格に行う組織でのアジャイル開発適用におけるひとつの形だと思われる。

4.2.7 株式会社日本経済新聞社の事例（2016年10月）

講演タイトル：日経電子版アプリ　穴のあいたバケツ開発
講演者：株式会社日本経済新聞社　武市大志
講演資料の勉強会webへの掲載：勉強会webではなく、SpeakerDeck[5]に掲載されている

4.2.7.1 事例の概要

日本経済新聞は、紙版が約242万部発行されるという紙媒体の新聞でもメジャーな新聞の1紙であるが、2010年3月からはPC向けのWeb版という形で電子版の提供も開始している。その後電子版のモバイル対応を進めており、本事例は電子版アプリの開発に関するものである。この電子版アプリは、AppStoreのベスト新着Appになるなど、電子版の購読者ベースを拡大するのに大きな貢献をしている。

武市大志氏の講演「日経電子版アプリ　穴のあいたバケツ開発」(2016年) のスライドを引用

AppStoreのベスト新着Appに

・おすすめのトップカテゴリに掲載

・トップカテゴリ砲でインストール数激増

・現在もニュースカテゴリの
ベストニュースAppに

45　NIKKEI

今日お話ししたいこと

・イケてるバケツ開発チームを作るためにやったこと

・バケツを大きくするためにやったこと

・バケツの穴を塞ぐためにやったこと

18　NIKKEI

4.2.7.2 事例の特徴

本事例で用いた顧客獲得のアプローチは、日経電子版のアドバイザーを務める深津貴之氏がよく言及する「穴のあいたバケツ」というメタファーに基づいている。これは、潜在的顧客を蛇口から

---

5. 武市大志, 日経電子版アプリ　穴のあいたバケツ開発,https://speakerdeck.com/taishiblue/ri-jing-dian-zi-ban-apuri-xue-falseaitabaketukai-fa

流入する水に見立て、顧客を獲得する（＝バケツに水を多く溜める）ためには以下のことを行う必要があると示したものである。

・蛇口を太くする

・バケツを大きくする

・バケツの穴を塞ぐ

本事例では、これらのアプローチの中でプロダクトを作る開発チームの立ち上げ及び、「バケツを大きくする」と「バケツの穴を塞ぐ」ためにどのようなことを行ったかを紹介している。ここでいうバケツ開発チームとは、柔軟な対応と迅速なリリース等を実現するために編成した、内製のアジャイル開発チームのことである。

4.2.7.3 第1、3章との対応

・デジタル変革の成功事例とも位置付けられる

・柔軟な対応と迅速なリリース等を実現するために内製のアジャイル開発チームを編成した

・より良いユーザー体験を実現するために、UI/UXのエキスパートの支援下でペーパープロトタイプを丁寧に作成した

4.2.8 ヤマハ株式会社の事例（2016年12月）

講演タイトル：ものづくりへのスクラム導入で開発効率化にチャレンジ

講演者：ヤマハ株式会社 楽器・音響開発本部技術開発部 大場保彦

講演資料の勉強会webへの掲載：あり[6]

4.2.8.1 事例の概要

本事例は、製品(楽器)開発にあった従来以下のような課題に対し、スクラムの適用による解決を試みたものである。

・開発後半に大きな仕様変更が発生する→早い段階で実機確認したい

・開発後半になってスケジュールの遅延が発覚する→開発の進捗を見える化したい

6. 大場　保彦, ものづくりへのスクラム導入で開発効率化にチャレンジ,https://easg.smartcore.jp/C23/file_details/VXpVRk1BPT0=

大場保彦氏の講演「ものづくりへのスクラム導入で開発効率化にチャレンジ」(2016年) のスライドを引用

2．ものづくりとスクラム

YAMAHA

- 最初の適用は、楽器のモデルチェンジ開発
  - そもそも、ものづくりにスクラムはマッチするのか
    - 従来の全体の開発プロセスを変えずに対応できるのか
  - メカ・電気といったハード開発でも対応できるのか
    - 他社の先行事例はソフト開発ばかり
    - スプリント毎にアウトプット出せるのか

できるところから始めよう
⇒まずは、組込みソフト開発のみでスタート

2．ものづくりとスクラム

YAMAHA

- 2番目の事例のまとめ
  - 開発の全部（メカ・電気・ソフト）に導入
  - メカ・電気はソフトに比べスピード感が異なるので工夫が必要
    ⇒正しいスクラムからは外れているが、スクラムの良さは享受できている

私が考えるスクラムの良さ（メリット）
・仕様→設計→検証のサイクルを高速に回すことで、
早い段階で小さく失敗して、大きな失敗を回避できる
・短いタイムスパンだから見積りの精度は高くなる

スクラムの適用は、ソフトウェア開発チームだけの適用（1番目の事例)、ソフトウェアとハードウェアの開発者が混在したチームでの適用(2番目の事例)、ハードウェア開発チームだけの適用（3番目の事例）の3つの事例で実施された。本事例が紹介された時点では、ソフトウェア開発チームだけの適用、ソフトウェアとハードウェアの開発者が混在したチームへの適用というふたつの事例が完了しており、その2例でスクラムの良さが享受できたと報告された。

4.2.8.2 事例の特徴

本事例が紹介された時点で完了した、ソフトウェア開発チームだけの適用、ソフトウェアとハードウェアの開発者が混在したチームへの適用というふたつの事例では、以下のような工夫をもって製品開発を行った。

・ソフトウェア開発チームだけの適用：
　―「新規要素開発」、「商品開発」、「生産準備」、「量産」のステージに基づく開発ステージ管理を残し、各ステージ内でスクラムを適用する
・ソフトウェアとハードウェアの開発者が混在したチームへの適用：
　―ハードウェアのバックログ項目としての「ストーリー」を、機能だけではなく、「どのような状態にしたいか」という内容での記述も認めた
　―スプリント毎のアウトプットについても、試作品に限定しない
　―タスクを最大でも1日で作業できる量まで（無理やりにでも）分割する

これらふたつの事例を通じて、スクラムがスムーズに適用できて、しかも効果が実感できたという点が非常に興味深い。

4.2.8.3 第1、3章との対応

・現状の製品開発の課題を解決したいという明確な目的の下で、スクラムの良さが活かせるか、という点を冷静に評価している
・スクラムの良さを消さないように、開発ステージを維持したり、ハードウェア開発に適合させる巧妙な「導入」アプローチを考案し、実践している

4.2.9 楽天株式会社の事例（2017年3月）

講演タイトル：はじめてのMyアジャイル ～チームが変わっていった話～
講演者：楽天株式会社 エマージングサービス開発部　新サービス開発課　大塚 怜奈
講演資料の勉強会webへの掲載：勉強会webではなく、SpeakerDeck[7]に掲載されている

4.2.9.1 事例の概要

本事例紹介をして下さった大塚さんは、2013年3月から2016年4月まで楽天キレイドナビやRaCareというサービス開発に従事されていた。当初これらの開発は従来手法で行っており、開発チームのメンバー間で「互いのやっていることが見えない」、「タスクが漏れ抜ける」などの課題が山積みした状態だった(混沌期)。これらの課題を解決し、「いいプロダクトを安定的に、品質を高くはやく作れる、いいチーム」となることを目指し、以下の段階を通じて振り返りやスクラムの他のプラクティスを導入。最終的にはアジャイル開発に移行したというものである。

7. 大塚 怜奈, はじめてのMy アジャイル ～チームが変わっていった話～,https://speakerdeck.com/reina/hazimetefalsemyaziyairu

大塚怜奈氏の講演「はじめてのMyアジャイル 〜チームが変わっていった話〜」(2017年)
のスライドを引用

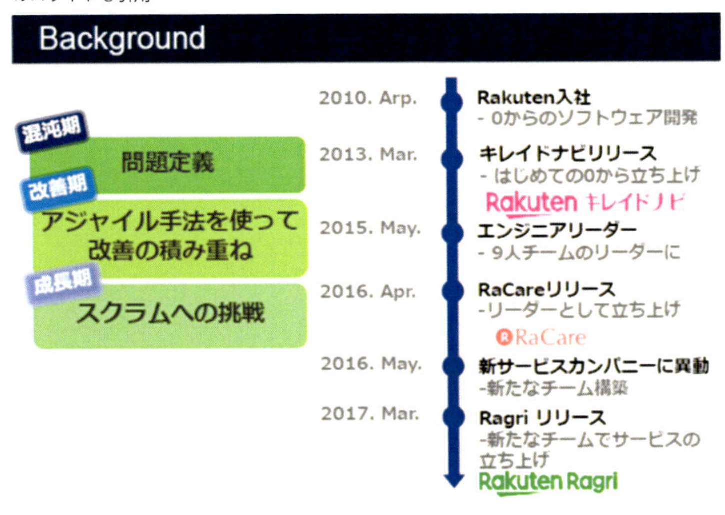

KPT（振り返り）

23 回のKPT

728 個のKeep

575 個のProblem

138 個のTry

・混沌期：2013年3月-2015年1月
・改善期：2015年1月-2015年10月
・成長期：2015年10月-2016年4月

4.2.9.2 事例の特徴

改善期にはその効果を確かめながら、アジャイル開発のプラクティスを以下の順序で取り入れた。

・スタンドアップMTG → お互いのタスクを共有する
・タスクの見える化（Kanban） → チーム全体のタスクを把握する
・振り返り（KPT）→ チームみんなが同じ方向を見る

これらの中で振り返りについては、当初意見がなかなか出ずに盛り上がりに欠けたが「個人の問題ではなく、チームの問題として捉える」など、考え方を変えることにより次第に「良かったこと(Keep)」を増やしていくことができた。その結果、トラブルの件数も減少させることができた。

改善期にチーム力が高まったことで、スクラムの導入に対する耐性ができたと考え、成長期からスクラムの実践を始めた。

4.2.9.3 第1、3章との対応

- 普及/転換部分に対応するが、従来手法により開発を行ってきた開発チームが抱えた課題を、プロダクトの開発を継続しながら徐々にアジャイル開発のプラクティスにより解決していった点が非常に素晴らしい
- 振り返りが機能する状態を作るというのは、アジャイル開発の導入で非常な重要なことである。この事例では、お互いのタスクを共有し、チーム全体のタスクを把握することで振り返りができる土台を作った。振り返りにより、小さな成功体験の積み重ねをしながら、開発メンバーの考え方の変化を促すという順序が非常に巧妙である

4.2.10 コニカミノルタ株式会社の事例（2017年11月）

講演タイトル：老舗メーカーに反復型開発を導入してみました
講演者：コニカミノルタ株式会社 IoTサービスプラットフォーム開発統括部 中原慶
講演資料の勉強会webへの掲載：あり[8]

4.2.10.1 事例の概要

コニカミノルタは、これまで材料、画像、光学、微細加工などのコア技術を活用し、情報機器、ヘルスケア、センシングなどの分野でビジネスを展開してきたが、分野を超えた大きな変革期に直面している。その変革を成し遂げる手段として、企画、開発、運用が連携した新たなサービス作りを実現しようとしている。しかし、このような新たなサービス作りを実現するためには組織が変わる必要があり、本事例ではその取り組みを紹介している。

8. 中原慶, 老舗メーカーに反復型開発を導入してみました,https://easg.smartcore.jp/C23/file_details/V3p4UlpnPT0=

中原慶氏の講演「老舗メーカーに反復型開発を導入してみました」(2017年) のスライドを引用

会社が、または、私が
やりたいこと

ビジネスゴールに
最短距離で到達する
進め方にしたい

A) 間違いをただす
B) 変革の実践

具体的にやった
特に
効果あり
ビジネス観点で課題を提唱する
話を大きくする
トップ層を巻き込む
外部有識者の講演会
コンサル活用
勉強会・輪講会
ミドル層をカンファレンスに誘う

4.2.10.2 事例の特徴

企画、開発、運用が連携した新たなサービス作りを実現するための組織変革を、以下の3ステップで行った。

・その1：進め方の変革
　—「アジャイル」禁止令
　—型の実践とこまめな報告
・その2：仲間づくり

—Developerを企画化する

—QAの巻き込み

・その3：More 仲間作り

—かけこみ寺（場）作り

—開発現場の公開

ここでいう「アジャイル」禁止令や「型の実践」とは、以下の2点を考慮した施策である。

・「アジャイルをやることが目的ではなく、儲けることが目的である」ということを見失わないようにする

・アジャイル開発に対する勝手なイメージ(先入観)を排除し、より具体的な実践形態（これを講演者は反復開発と呼んでいる）の理解を促進し、かつ過剰な期待も制御する

4.2.10.3 第1, 3章との対応

・普及/転換部分に対応するが、特にアジャイル開発活用の推進役として、組織の変革とプロジェクトの成功をどのように促進するかを示す良い事例である

・アジャイル開発活用の推進役として、目指すべき姿を明確にするとともに複数の機能部門(サイロ)の壁を壊し、サイロを横断した連携を作るという役割が必要なことがわかる

4.2.11 コクヨ株式会社の事例（2017年10月と2018年7月）

講演タイトル：老舗文具メーカーでクラウド・スマホアプリ新規事業立ち上げへ挑戦

講演者：コクヨ株式会社 事業開発センター 山崎篤

講演資料の勉強会webへの掲載：なし

4.2.11.1 事例の概要

文具・オフィス家具メーカーとして有名なコクヨでは、商品開発のノウハウはあるが、ソフトウェア開発のノウハウも人財もない。そのような状況で、クラウド・スマホアプリの新規事業に取り組んだ事例である。クラウド・スマホアプリの新規事業では、@Tovas、CamiApp、CamiAppsの合計3つのサービスやプロダクト開発に取り組んだ。その過程での戦略、失敗や気づき、人脈作りを通じて、大きな赤字を回避しながら成功にいたった。

山崎篤氏の講演「老舗文具メーカーでクラウド・スマホアプリ新規事業立ち上げへ挑戦」（2018年）のスライドを引用

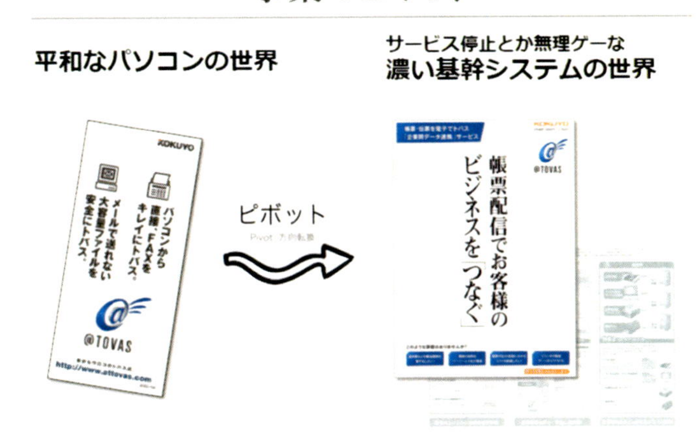

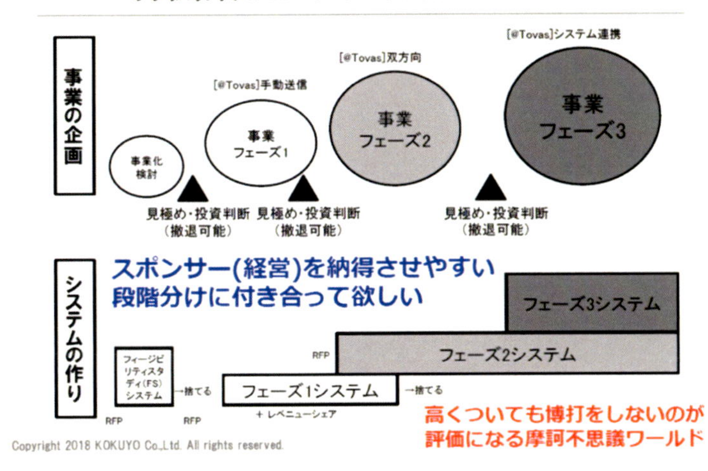

4.2.11.2 事例の特徴

@Tovasの開発は、事業化検討、事業フェーズ1、事業フェーズ2、事業フェーズ3という段階を経て進行した。取り組み開始から14年も継続し、現在は高利益率のビジネスになっている。エンタープライズアジャイル的な観点での成功要因として大きかったのは、以下の2点だと考えられる。

・ピボット
・仮説検証型の事業企画

“あったらいいな”という機能を作らず、狙いを小さく絞り込み、早く見極めるというフェーズに

基づく仮説検証型の事業企画

@Tovasの事業化検討段階と事業フェーズ1では一般消費者のパソコン間でのファイル転送サービスを狙った。しかし、利用者は存在したものの市場や財務という面での実現性が不十分だったため、うまくマネタイズできなかった。この結果を受けて、狙いを基幹システム間のファイル転送サービスにピボットした。@Tovas の開発では、このような学習によるピボットを多く実行したことが、成功要因のひとつとして考えられる。

これらの事業化検討段階と事業フェーズ1で開発したものは、ピボットの結果を捨てて、事業フェーズ2の狙いをコンパクトに開発。早く見極められるよう、フェーズに基づく仮説検証型の事業企画を行った。

4.2.11.3 第1、3章との対応

- この事例は、戦術のところで言及した妥当性確認とピボットを活用したものだと考えられる
- また、戦略のところで言及した、複数のMMFによる投資の早期回収の具体例になっているとも考えられる

4.2.12 株式会社三菱UFJ銀行の事例（2018年12月）

講演タイトル：三菱UFJ銀行におけるアジャイルの取り組み ～ これまで、今、これから ～
講演者：株式会社三菱UFJ銀行 システム企画部 IT戦略グループ　大西　純
講演資料の勉強会webへの掲載：あり[9]

4.2.12.1 事例の概要

システム部門は、**外部環境が大きく変化する中で**システム開発に求められることが増加。要求の不確実性の**高い案件が増加していく**と考えて、2014年9月に社内開発標準の選択肢にアジャイル開発を追加した。この後、2015年にSalesforceを活用した開発を始めとして、いくつかの開発にアジャイル開発を適用した。また2016年からアジャイル開発実践セミナーを開催して、アジャイル開発に対するニーズを開拓した。全社的には、デジタルトランスフォーメーション戦略を策定し、カルチャーという側面でアジャイルを重要な要素と位置づけるとともに、従来開発とアジャイル開発の両方の選択肢を、開発内容に応じて使い分けるという方針を掲げている。

---

9. 大西　純. 三菱UFJ銀行におけるアジャイルの取り組み ～ これまで、今、これから ～,https://easg.smartcore.jp/C23/file_details/VURoUlpBPT0=

三菱UFJフィナンシャル・グループ, 事業戦略セミナー「デジタルストラテジー」(2019年2月)のスライド[1]、及び大西純氏の講演「三菱UFJ銀行におけるアジャイルの取り組み 〜これまで、今、これから 〜」(2018年) のスライドを引用

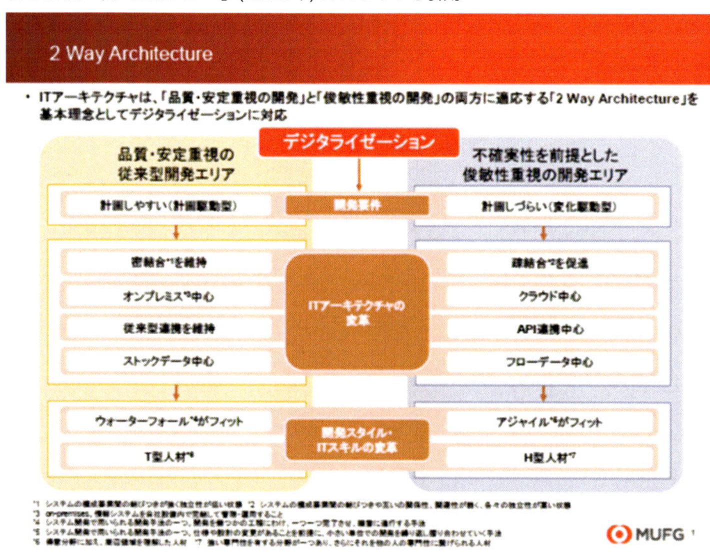

フェーズ1からフェーズ2、そして、その先へ

組織成熟度フェーズ定義

	フェーズ 1	フェーズ 2	フェーズ 3
位置づけ	アジャイルの理解・必要性の醸成段階	対象案件の拡大と制度変革段階	制度面を含めたアジャイルの社内定着
開発システムの対象ユーザ	社内ユーザ向け	社内/お客さまサービス	社内/お客さまサービス(オープンイノベーション)
仕組み面の対応	現行の不適合箇所の炙り出し	アジャイルに適したリソース割当、ガバナンス導入	非連続な進化や改革を加速できる組織構造へ変革

MUFG

27

4.2.12.2 事例の特徴

アジャイル開発の活用を以下の3段階で進めるという戦略的な構想に基づき、それぞれの段階で効果的な施策を実行している。

・アジャイルの理解・必要性の醸成段階

　―社内開発標準の選択肢にアジャイル開発を追加

　―アジャイル開発を実行する際に参考になるリファレンスや入門書を用意

　―アジャイル開発の実践をサポートし、事例として活用

—アジャイル開発実践セミナーでアジャイル開発の活用に適した案件の掘り起こし

・対象案件の拡大と制度変革段階

—アジャイルによるカルチャー改革

—デジタルを活用した事業変革の中でアジャイル開発の活用を促進

・制度面を含めたアジャイルの社内定着

4.2.12.3 第1、3章との対応

・開発標準の追加により、アジャイル開発活用の可能性を高めるというアプローチが非常にユニークで、こうした導入パターンが有効なケースもあることを立証している

・アジャイル開発実践セミナーでアジャイル開発に適した案件を掘り起こし、その実践をサポートすることでアジャイル開発のモデルケースを作り上げている

・デジタル変革という大きな戦略において、アジャイルをその戦略における重要な要素と位置づけ、さらなる活用を目指している

5.アジャイル開発活用の推進役への支援

エンタープライズアジャイル勉強会では、アジャイル開発活用の推進役の学びや交流を支援するために月1回のセミナーやワークショップ以外に以下のようなイベントを開催し、情報サービス産業協会 (JISA) と共同でオンライン講座を開発している。

・アジャイル開発活用の推進役向けのチュートリアル

・エンタープライズアジャイルの集い

・オンライン講座「アジャイル開発の基本～アジャイル開発活用の推進役となるために～」

これらのイベントと似たようなプログラムを自分の所属する開発や組織で開催したり、オンライン講座を活用すると、アジャイル開発活用の推進のために役立つと期待できるので、それぞれのプログラムを簡単に紹介する。

5.1 アジャイル開発活用の推進役向けのチュートリアル

アジャイル開発活用の推進役向けのチュートリアルは、アジャイル開発活用の推進役に今後挑む可能性のある課題を理解させるものである。また、その課題の解決策を考える際に役に立つFearless change[1]のパターンにも慣れることができる。具体的なプログラムは以下のようになっている。

1. 「エンタープライズアジャイルの可能性と実現への提言」の講演
2. エンタープライズアジャイル（またはアジャイル開発）を活用する際の障害の議論
3. ワークショップとパターンの説明
4. Fearless journey ゲーム[2]

Fearless journeyとは、何か新しいことを組織に取り入れる際の障害を準備して、それらの障害をひとつずつ取り出し、その解決に役立つFearless changeのパターンを見つけることを繰り返しながら、現状から最終的に到達したいゴールに向かって進んでいくというゲームである。

このチュートリアルではFearless journeyを、「エンタープライズアジャイル（またはアジャイル開発）を活用する際の障害の議論」で得られた障害のリストを解決するFearless changeのパターンを見つけていきながら、「アジャイル開発が活用できない」という現状から「アジャイル開発を活用できる」というゴールを目指すという形で実施している。エンタープライズアジャイル勉強会でどのようにFearless journeyを実施しているかについては水野氏の記事[3]が参考になる。

「エンタープライズアジャイルの可能性と実現への提言」の講演については、後述するオンライン講座「アジャイル開発の基本」のModule 5として収録されているので、このビデオを視聴することで代替することも可能である。

1.Mary Lynn Manns, Linda Rising,*Fearless Change アジャイルに効く アイデアを組織に広めるための 48 のパターン*, 丸善出版, 2014

2.Fearless journey の Web サイト:https://fearlessjourney.info/

3. 水野　正隆, *アイデアを組織に広げる方法をチームで考える: Fearless Journey ゲーム—エンタープライズアジャイル勉強会の場合*,https://www.ogis-ri.co.jp/otc/hiroba/Report/easg-tutorial-2018/

5.2 エンタープライズアジャイルの集い

これまで2016年3月、2018年7月の2回、「エンタープライズアジャイルの集い」というイベントを開催した。2016年3月に開催したものは通常のセミナー形式であったが、2018年7月に開催したものは、勉強会会員がより主体的に参加できるイベントを目指して以下のような内容で開催した。

・1日目：

—基調講演

—オープン・スペース・テクノロジー(OST)[4]

・2日目：

—基調講演

—アクションプランの考案、発表

1日目のオープン・スペース・テクノロジー(OST)とは、参加者がその場で議論したいテーマを自由に提案し、それらのセッション提案に基づいてプログラムを組み立てる形のイベントである。OSTは、もともと組織改革などのコミュニティーで使われていたが、Regional Scrum Gatheringのようなアジャイル系のイベントにも組み込まれている。OSTのような形のイベントは、参加者の興味に即した内容でプログラムを組むことができる。そのため各セッションを通じて参加者がお互いの悩みを述べたり、議論することで様々な課題の解決のきっかけを提供できる可能性がある。OSTの各セッションを実施する際には、セッションでの議論の要旨を箇条書きで簡単にでもまとめて、セッションの最後で発表することが望ましい。また、各セッションの議論のまとめを集めることでOST全体のまとめを作成することができる。エンタープライズアジャイル勉強会でどのようにOSTを実施しているかについては水野氏の記事[5]が参考になる。

2日目のアクションプランの考案、発表では、OSTで議論した結果を受けて参加者が自らの課題に対するアクションプランを考え、それを発表する。

このようなイベントを開催することで、アジャイル開発の実践経験の違いを超えて参加者が抱えている問題に対する解決策を一緒に考え、それを今後の取り組みへとつなげていくことが期待できる。

5.3 オンライン講座「アジャイル開発の基本」

「アジャイル開発の基本」[6]は、情報サービス産業協会(JISA)と共同で開発してUdemyというサービスにより配信されている受講料無料のオンライン講座である。オンライン講座「アジャイル開発の基本」は、以下の5 moduleで構成されており、本書の第1-3章の内容に概ね対応する。

・Module 1：アジャイル開発超入門

・Module 2：スクラム入門（その1）

・Module 3：スクラム入門（その2）

・Module 4：アジャイル要求入門

---

4. ハリソン・オーエン, *オープン・スペース・テクノロジー ~5人から1000人が輪になって考えるファシリテーション~*, ヒューマンバリュー, 2007

5. 水野　正隆, *参加者がつくる対話の場 オープン・スペース・テクノロジー: 2018年エンタープライズアジャイルの集いでのOST*,https://www.ogis-ri.co.jp/otc/hiroba/Report/EnterpriseAgileGathering2018/ost.html

6.https://www.udemy.com/jisaag-kpjleufc/

・Module 5：エンタープライズアジャイルの可能性と実現への提言

このオンライン講座を共同開発したエンタープライズアジャイル勉強会としての狙いは、講座のサブタイトルに記しているように「アジャイル開発活用の推進役となるために」学ぶべきことの手がかりを提供することである。アジャイル開発活用の推進役の皆様が本書と併せてこのオンライン講座をご活用下されば幸いである。

終わりに

本書では、まずチーム単位のアジャイル開発の特徴と、アジャイル開発のフレームワークとして世界的に最も普及しているスクラム及びアジャイル要求を概説した。次に、「うちでもアジャイル開発をやってみました」というアンチパターンと、それに付随する落とし穴を説明した。このアンチパターンに陥ると、「プロジェクトが成功してもアジャイル開発のメリットは大きくない」ということで単発の試行に終わる可能性がある。また、このアンチパターンにこそ、日本におけるチーム単位のアジャイル開発を越えたアジャイルの広がり、すなわち「エンタープライズアジャイル」の実現を阻む様々な障害が含まれている。

次に、当勉強会の実行委員の講演を以下の観点で再構成することで「うちでもアジャイル開発をやってみました」的な失敗パターンを克服するためのヒントとなる提言を提供した。

- 戦略
- 戦術
- 普及／転換
- 日本固有の問題

さらにチーム単位のアジャイル開発や反復開発を、初めての実践から、より長期の実践に至るまでの様々な事例の概要を紹介した。これらの事例の多くで共通しているのは、ビジネス上の戦略的な狙いに基づいてアジャイル開発や反復開発を用いているという点である。また、こうした事例は「うちでもアジャイル開発をやってみました」的な失敗パターンや、それに付随する落とし穴を巧みに避けてプロジェクトを成功に導いており、「エンタープライズアジャイル」の実現を阻む、様々な障害が克服可能であることを示している。

本書で言及できなかったのが、以下の3点に対する提言である。

- **エンタープライズアジャイルの第3の可能性である企業や事業部を活性化し、変化への対応力のある組織にする**
- **エンタープライズアジャイルと楽しさを両立する**
- **アジャイル開発を価値により良く結び付けるための、新たなリーダーシップのあり方**

特に「エンタープライズアジャイルと楽しさ」については、2016年3月に開催した「エンタープライズアジャイルの集い」におけるKDDI株式会社藤井氏の講演や、その後の懇親会での永和システムマネジメント木下氏による挨拶で、その重要性に気づかされた。

これらのヒントとなる講演やワークショップとして、本勉強会ではリーンエンタープライズ[1]に関す

1. ジェズ・ハンブル, ジョアンヌ・モレスキー, バリー・オライリー, リーンエンタープライズ ―イノベーションを実現する創発的な組織づくり, オライリージャパン, 2016

る講演[2]や、スモール・リーダーシップ[3]やアジャイルエンタープライズ[4]に関する読書会ワークショップ、マネジメント3.0[5]のワークショップなどを開催した。この中でマネジメント3.0が上記の課題に対する包括的な回答となる可能性があるが、それを提言としてまとめるのには時間不足であった。

本書が「エンタープライズアジャイル」の実現を阻む様々な障害の克服に役立ち、読者の皆様が自ら「エンタープライズアジャイル」の3つの可能性を実現することを祈念する。本書の第5章では、その実現の助けになるようなゲーム、イベント、オンライン講座を説明したが、それらが少しでも読者の皆様のお役に立てば幸いである。オンライン講座「アジャイル開発の基本～アジャイル開発活用の推進役となるために～」[6]は、情報サービス産業協会 (JISA) と共同開発したもので本書の内容を異なる構成で説明したものであり、無料で利用できる。 なお、本書の3章の内容に基づく講演スライドを当勉強会のWeb（https://easg.smartcore.jp/C23/file_details/V2owQlB3PT0=）に掲載しているので、こちらもお役に立つようであれば御活用いただきたい。

2. 角 征典, リーンエンタープライズで実現するイノベーティブな組織づくり,https://www.slideshare.net/kdmsnr/lean-enterprise-20170719

3. 和智 右桂, スモール・リーダーシップ チームを育てながらゴールに導く「協調型」リーダー, 翔泳社, 2017

4.Mario E. Moreira, アジャイルエンタープライズ, 翔泳社, 2018

5.Jurgen Appelo, Management 3.0: Leading Agile Developers Developing Agile Leaders, Addison-Wesley, 2011

6.https://www.udemy.com/jisaag-kpjleufc/

セミナーとイベント開催実績

開催日	講演タイトル	講演者 （講演者の所属は講演時のもの）	講演資料の公開の有無
2018年12月	三菱UFJ銀行におけるアジャイルの取り組み ～ これまで、今、これから ～	株式会社三菱UFJ銀行 大西　純	あり
2018年12月	アジャイルと技術伝承	横河電機株式会社 藤木　憲英	あり
2018年11月	「ウォータフォールプロジェクトのアジャイル化」の実際	株式会社永和システムマネジメント 岡島 幸男、 橋本 憲洋	あり
2018年10月	エンタープライズアジャイルでチームが超えるべきこと	グロースエクスパートナーズ株式会社 鈴木 雄介	
2018年10月	プロダクトオーナーがエンタープライズアジャイルで抱える苦悩と対処	グロースエクスパートナーズ株式会社 関 満徳	あり
2018年9月	人ではなく仕組みをマネジメント するManagement 3.0という視点	ダイアログデザイン 高柳 謙	
2018年7月	スクラムパタン入門～パタンランゲージとしてのスクラム～	株式会社アトラクタ 原田　騎郎	
2018年7月	エンタープライズアジャイルの集い：老舗文具メーカーでクラウド・スマホアプリ新規事業立ち上げへ挑戦	コクヨ株式会社 山崎 篤	
2018年6月	セブン銀行の〝アジャイルでやってみた〟	株式会社セブン銀行 児玉 明、 岡部 純	
2018年6月	新サービス創出におけるUX活用事例	ニッセイ情報テクノロジー株式会社 中野　安美	
2018年5月	そのサービスは何のため？ 顧客価値連鎖分析と欲求連鎖分析を使ってみよう！	慶應義塾大学大学院 大浦 史仁	
2018年4月	「マッピングエクスペリエンス」の見所と勘所	利用品質ラボ 樽本 徹也	あり
2018年3月	エンタープライズアジャイルからアジャイルエンタープライズへ	楽天株式会社 川口　恭伸	
2018年2月	エンタープライズアジャイルのためのリーダーについて考える読書会ワークショップ	株式会社ハピネット 和智 右桂	
2018年1月	スクラムを組織に拡大するScrum@Scale™とは	KDDI株式会社 荒本 実、 和田 圭介	

2017年12月	アジャイル開発を支えるアーキテクチャ設計とは	グロースエクスパートナーズ株式会社 鈴木 雄介	あり
2017年11月	老舗メーカーに反復型開発を導入してみました	コニカミノルタ株式会社 中原 慶	あり
2017年11月	泥の中のアジャイル、もがき続けてたどりついたモブプログラミングという形	楽天株式会社 及部 敬雄	あり
2017年10月	蓼科合宿：老舗文具メーカーでクラウド・スマホアプリ新規事業立ち上げへ挑戦	コクヨ株式会社 山崎 篤	
2017年10月	蓼科合宿：Fearless Change と組織改善 ～ イノベーティブな組織を目指してあなたから出来ること	楽天株式会社 川口　恭伸	
2017年9月	なんたらアジャイルその前に	有限会社 Studio LJ 高江洲　睦	あり(SlideShare)
2017年7月	リーンエンタープライズで実現するイノベーティブな組織づくり	ワイクル株式会社 角 征典	あり(SlideShare)
2017年7月	新事業にまつわる風土醸成の 仕掛けづくり ～できる人をどう探し育てるか～	NTT レゾナント株式会社 松野 繁雄	
2017年6月	製造業アジャイルの集い：スクラムの成功事例	Scrum Inc. Joe Justice	あり
2017年6月	製造業アジャイルの集い：16年目の話	関　将俊	あり(SpaekerDeck
2017年6月	製造業アジャイルの集い：DevQA: アジャイル開発における、開発とQAのコラボレーション	株式会社日新システムズ 永田　敦	あり
2017年5月	エンタープライズへのアジャイル開発の導入事例	株式会社ウフル 吉原 庄三郎	あり
2017年5月	DevOpsにも取り組み始めた アジャイルウェアの挑戦	株式会社アジャイルウェア 川端 光義	
2017年4月	LEAN UX の理解と実践～リーン思考によるユーザエクスペリエンスデザインを学ぶ	Pivotal Labs Tokyo 坂田 一倫	
2017年3月	はじめてのMy アジャイル ～チームが変わっていった話～	楽天株式会社 大塚　怜奈	あり(SpeakerDeck)
2017年2月	地図を片手にアジャイル開発～全体を俯瞰できるシステム地図を道標にタイムボックスで開発しよう！	株式会社バリューソース 神崎　善司	あり(SlideShare)
2017年1月	見せてもらおうか、KPTAの性能とやらを!～行動を促すふりかえりのフレームワークとファシリテーション～	株式会社永和システムマネジメント 天野　勝	
2016年12月	「ものづくりへのスクラム導入で開発効率化にチャレンジ」	ヤマハ株式会社 大場　保彦	あり
2016年12月	「PlayStation Network における Agile 開発手法の活用」	株式会社ソニー・インタラクティブエンタテインメント 佐藤　健一	あり
2016年11月	ユーザー企業へのアジャイル導入四苦八苦	グロースエクスパートナーズ株式会社 鈴木　雄介	あり
2016年10月	保守的な企業のデジタル化に関する事例	Mary Poppendieck	あり

2016年10月	軽井沢合宿：部局の壁を突破する日経電子版アプリのチーム力　～140年の歴史を持つ会社の、高速内製アジャイル開発への挑戦～	株式会社日本経済新聞社 武市　大志	あり(SlideShare)
2016年10月	軽井沢合宿：Fearless Change の歩き方～新しいアイデアを組織に広めるために	楽天株式会社 川口　恭伸	
2016年9月	改訂版エンタープライズアジャイル探求の軌跡（その1）	エンタープライズアジャイル勉強会 藤井　拓	あり
2016年8月	日本でもエンタープライズスケールでDevOpsを導入する方法！	米マイクロソフト 牛尾　剛	あり
2016年7月	「コカコーラ vs. ペプシみたいな話なのか？的視点からみたDA2.0」	日本ヒューレット・パッカード株式会社 藤井　智弘	あり
2016年7月	「機敏な製品リリースを可能にする企業内の連携モデルを提示するSAFe (Scaled Agile Framework) のご紹介＋α」	株式会社オージス総研 藤井　拓	あり
2016年6月	UXアプローチがもたらすエンタープライズアジャイルへのインパクト	ソシオメディア株式会社 篠原　稔和	あり
2016年5月	金融系ＩＴ企業におけるスクラムへの挑戦	ニッセイ情報テクノロジー株式会社 中野　安美、 嶋瀬　裕子	あり
2016年5月	振り返りによる反復開発プロジェクトの改善事例のご紹介	株式会社オージス総研 竹内　俊裕	あり
2016年4月	エンタープライズアジャイルで成功するために必要なもの	ウルシステムズ株式会社 河野 正幸	あり
2016年3月	エンタープライズアジャイルの集い：Agile Transformation & Leadership in Enterprise ~KDDIでの驚きと学び~	KDDI株式会社 藤井　彰人	
2016年3月	エンタープライズアジャイルの集い：大規模なチームを安定させるために必要なこと	株式会社リクルートライフスタイル 塚越 啓介 、 今井　恵子	あり
2016年2月	楽天の品質改善を加速する継続的システムテストパターン	楽天株式会社 荻野　恒太郎	あり
2016年1月	「納品のない受託開発」から考えるエンタープライズアジャイル～自己組織化された強い組織を作るためのマネジメント～	株式会社ソニックガーデン 倉貫 義人	
2015年12月	継続的リリース計画による事業計画に適応したアジャイルプロジェクトの運営～キャプラン株式会社様の事例とともに～	株式会社ゼンアーキテクツ 岡　大勝	あり
2015年11月	デザインシンキングアプローチによるエンタープライズレベルのAgility向上の取組～病床割当業務IT化事例を通した考察～	新日鉄住金ソリューションズ株式会社 斉藤　康弘	あり
2015年11月	保守運用フェーズにおけるアジャイル開発の適用について	コベルコシステム株式会社 松本 篤、 株式会社神戸製鋼所 大和 洋一	あり

2015年10月	エンタープライズアジャイルと全体最適について〜アーキテクチャ設計とウォーターフォールの必要性について〜	グロースエクスパートナーズ株式会社 鈴木　雄介	あり
2015年9月	エンタープライズアジャイル探求の軌跡（その1）	エンタープライズアジャイル勉強会 藤井　拓	あり
2015年8月	大企業でアジャイルを実現するために〜KDDI様のアジャイル導入事例	KDDI株式会社 川上　誠司	
2015年7月	金融系基幹業務におけるエンタープライズアジャイル導入事例	東京海上日動システムズ株式会社 押井　英喜、 花　宣典	

監修者紹介

藤井　拓

オージス総研技術部アジャイル開発センター長。1984年京都大学理学研究科博士前期課程修了、2002年京都大学情報学研究科博士後期課程指導認定退学。1990年オージー情報システム総研（現オージス総研）に中途入社。アジャイル開発を含む反復的な開発手法やモデリングの実践、研究、教育や普及に従事。主な監訳書は『アジャイルソフトウェア要求」（翔泳社刊）、『発見から納品へ」（BookWay刊）、『SAFe 4.0 のエッセンス』（エスアイビーアクセス刊）など。認定スクラムマスター、認定プロダクトオーナー、SAFe Program Consultant 4、技術士（情報工学部門）、博士（情報学）。

編者紹介

エンタープライズアジャイル勉強会

近年、日本でもスクラムのような比較的小規模なシステムのチームで、アジャイルを用いた開発が行われるようになりました。しかし、日本では既存の商習慣等の影響でチームレベルのアジャイルをより大きな組織やシステム向けに活用している企業はまだ少ないのが現状です。
本勉強会は、日本の企業におけるエンタープライズアジャイルの実現に3つの可能性があると考えて、それらの可能性の実現に対する障害とその克服方法、ビジネス上の効果などについて、会員が多様な観点で議論し相互研鑽することで、日本企業のビジネス競争力の強化に貢献することを目指しています。

◎本書スタッフ
アートディレクター/装丁：岡田章志+GY
編集協力：飯嶋 玲子
デジタル編集：栗原　翔

●本書の内容についてのお問い合わせ先
株式会社インプレスR&D　メール窓口
np-info@impress.co.jp
件名に「『本書名』問い合わせ係」と明記してお送りください。
電話やFAX、郵便でのご質問にはお答えできません。返信までには、しばらくお時間をいただく場合があります。
なお、本書の範囲を超えるご質問にはお答えしかねますので、あらかじめご了承ください。
また、本書の内容についてはNextPublishingオフィシャルWebサイトにて情報を公開しております。
https://nextpublishing.jp/

●落丁・乱丁本はお手数ですが、インプレスカスタマーセンターまでお送りください。送料弊社負担にてお取り替えさせていただきます。但し、古書店で購入されたものについてはお取り替えできません。
■読者の窓口
インプレスカスタマーセンター
〒101-0051
東京都千代田区神田神保町一丁目105番地
TEL 03-6837-5016／FAX 03-6837-5023
info@impress.co.jp
■書店／販売店のご注文窓口
株式会社インプレス受注センター
TEL 048-449-8040／FAX 048-449-8041

改訂新版　エンタープライズアジャイルの可能性と実現への提言

2019年4月26日　初版発行Ver.1.0（PDF版）

監　修　藤井 拓
編　者　エンタープライズアジャイル勉強会
編集人　山城 敬
発行人　井芹 昌信
発　行　株式会社インプレスR&D
〒101-0051
東京都千代田区神田神保町一丁目105番地
https://nextpublishing.jp/
発　売　株式会社インプレス
〒101-0051　東京都千代田区神田神保町一丁目105番地

印刷・製本　京葉流通倉庫株式会社
Printed in Japan

ISBN978-4-8443-9691-8

NextPublishing®
●本書はNextPublishingメソッドによって発行されています。
NextPublishingメソッドは株式会社インプレスR&Dが開発した、電子書籍と印刷書籍を同時発行できるデジタルファースト型の新出版方式です。 https://nextpublishing.jp/